男孩要有好习惯

让男孩养成更多好习惯的秘诀

董亚兰　郭志刚
编著

北京理工大学出版社
BEIJING INSTITUTE OF TECHNOLOGY PRESS

图书在版编目（CIP）数据

男孩要有好习惯：让男孩养成更多好习惯的秘诀 / 董亚兰，郭志刚编著．—北京：北京理工大学出版社，2018.5（2019.9重印）

ISBN 978-7-5682-5405-2

Ⅰ．①男… Ⅱ．①董… ②郭… Ⅲ．①男性－习惯性－能力培养－青少年读物 Ⅳ．① B842.6-49

中国版本图书馆 CIP 数据核字 (2018) 第 049586 号

出版发行 / 北京理工大学出版社有限责任公司
社　　址 / 北京市海淀区中关村南大街 5 号
邮　　编 / 100081
电　　话 /（010）68914775（总编室）
（010）82562903（教材售后服务热线）
（010）68948351（其他图书服务热线）
网　　址 / http: //www. bitpress. com. cn
经　　销 / 全国各地新华书店
印　　刷 / 三河市华骏印务包装有限公司
开　　本 / 880 毫米 ×1230 毫米　1/32
印　　张 / 6
字　　数 / 140 千字
版　　次 / 2018 年 5 月第 1 版　2019 年 9 月第 2 次印刷
定　　价 / 25. 00 元

责任编辑 / 王美丽
文案编辑 / 孟祥雪
责任校对 / 周瑞红
责任印制 / 施胜娟

前言

PREFACE

好习惯决定男孩的一生

在生活和学习中，总有一只无形的手时刻影响着我们，这只手就是习惯。有人说，一个男孩的习惯会决定他的人生。有的男孩学业有成、硕果累累，而有的男孩成绩不佳、碌碌无为，这与他们年幼时养成的习惯有很大关系。

如果说成长是一条路，那么习惯就是伴随我们顺利启程、到达终点的帮手，它可以让我们的人生之路走得更顺利、更精彩；如果说成长是一株小草，那么习惯就是阳光和雨露，可以助力小草茁壮成长；如果说成长是正在航行的帆船，那么习惯就是风，可以推动帆船不断向前驶进，直至到达终点。

历史上很多名人都是因为养成了好的习惯才获得了巨大的成就。

托尔斯泰6岁时就养成了写日记的习惯，到9岁时，就完成了一本《外祖父的故事》，其中记录了外祖父生活中的各种趣事。后来，他又养成了每天都按时读书、写作的习惯，经过多年的努力，创作出了一本本流传于世的佳作。

清代文学家蒲松龄从小就养成了听别人讲故事的习惯，长大后，还在路边搭建凉亭，边听边把路人讲的故事记下来，经过多年的积累和创作，著成了“风行天下，万口传诵”的《聊斋志异》。

很多诺贝尔奖获得者都表示，他们所获得的最珍贵的东西是好习惯，而这一切都是在幼儿园学会的，在成长的过程中养成的。回想我们在幼儿园学习的内容：把自己的物品摆放整齐，要与小伙伴分享自己的糖果和蛋糕，午后要休息一会儿，要热爱大自然、保护环境等。虽然这些都是小事，却能让我们终身受益。

美国心理学家威廉·詹姆斯曾说：“播下一个行动，收获一种习惯；播下一种习惯，收获一种性格；播下一种性格，收获一种命运。”如果你想成为一名学习优异、能力超群的男孩，并在将来开创一番事业，就要从现在开始，努力改掉身上的坏习惯，养成好习惯。

你准备好养成好习惯了吗？那就打开这本《男孩要有好习惯：让男孩养成更多好习惯的秘诀》吧！

本书从习惯的重要性谈起，分别讲述了科学生活、勤俭节约、勤奋刻苦、独立自主、珍惜时间、文明礼貌、勇于尝试、勤于思考、学会自律等习惯对我们成长的影响，而且有很多精彩的小故事、简单直白的理论，以及操作性很强的方法，可以在吸引大家阅读兴趣的同时，帮助每一个男孩养成良好的习惯，使其健康快乐地成长。

这是一本专门为男孩量身打造的好习惯培养指南，希望其中的内容可以帮助每一个男孩改变自己，收获成功的人生！

编　者

目录

CONTENTS

第七章

礼貌是人类共处的金钥匙——男孩要养成讲文明礼貌的好习惯

第八章

一分尝试，一分收获——男孩要养成勇于尝试的好习惯

第九章

真知灼见来自多思善疑——男孩要养成勤于思考的好习惯

第十章

善于自我控制才能成为强者——男孩要养成自律的好习惯

第一章

习惯决定命运

——好习惯让男孩终身受益

英国著名唯物主义哲学家培根曾说："习惯是一种顽强而巨大的力量，它可以主宰人生。"

习惯看似微小，却往往对一个人的人生起到重大的影响。好的习惯能够帮助一个人积极进取，在关键时刻赢得机会；坏的习惯则会让一个人陷入失败的境地。而且，习惯犹如一颗种子，需要时间和精力的灌溉才能盛开出美丽娇艳的花朵。因此，男孩要坚持不懈地培养好习惯，让自己终身受益。

小习惯跟随并影响男孩一生

英国著名唯物主义哲学家培根曾说：“习惯是一种顽强而巨大的力量，它可以主宰人生。”

习惯看似微小，却往往对一个人的人生起到重大的影响。好的习惯能够帮助一个人积极进取，在关键时刻为自己赢得机会；坏的习惯则会让一个人陷入失败的境地。看似不起眼的一个个小习惯往往能影响一个人的一生。

☆☆☆

班上要举办一次活动，文体委员张元元非常厉害，只用了不到50元就采购到了所有物品，而其他的班委常常用100元都还买不齐。

班长李伟非常好奇张元元是怎么做到的，特意在放学后向张元元“取经”。“张元元同学，你是怎么用50元采购到所有物品的？你是不是有什么秘密的绝招？”李伟挠着后脑勺不好意思地说道。

张元元微微一笑，说道：“哪有什么秘密的绝招啊！无非就是一点习惯而已。在采购之前，我总是先向同学们问清楚大家喜欢什么，采购的所有物品就能不多不少，一点儿都不浪费。然后再去了解市场上小商品的价格，货比三家!我去采购时也不乘公交车，来去骑自行车，省钱且方便。活动结束后再把彩带、包装纸整理好，留着下次用。整个活动举办得既大方，又节约。”

李伟一听非常惊讶，“你都是怎么做到的？”

“我妈妈在家里都是这样做的，也是这样教我的，我从小就习惯了。”张元元说。

正是因为养成了这样的习惯，张元元的管理能力从小就非常强。升入高中之后，他做了班长，不仅将班里的事情打理得井井有条，而且将自己的时间安排得很合理，学习成绩一直很优异。

☆☆☆

张元元从小养成的习惯在班级管理中取得了非常好的效果，这就是习惯的力量。从小耳濡目染的习惯，让他的管理能力非比寻常，让他在生活和学习中能够更好地管理自己、更好地服务班级。将来步入社会、走上工作岗位时，这个看似不起眼的习惯还能够发挥更大的作用，会为他带来意想不到的财富和收获。

☆☆☆

星期天，爸爸带小亮去看马戏表演。父子俩去得早，马戏还没有开场。小亮看到马戏团里的什么都觉得新鲜，于是到处走走看看。

他看到一头大象被一根绳子拴着，而绳子的另一头却系在一根小木桩上，只要大象稍微一用力，木桩就会被拔走。但是小亮发现没有一头大象逃走，它们甚至连尝试的欲望都没有。

小亮非常意外，饶有兴致地看了一会儿之后，很不解地去问爸爸：“爸爸，为什么大象不挣脱绳子逃走呢？”

“因为在大象还很小的时候，就被拴在一根这样的木桩上。但是那个时候木桩是牢牢钉在地里的，小象没有力气挣脱。渐渐地，它发现自己不论怎么努力都无法挣脱束缚它的绳子，慢慢地就不再挣扎了。一旦小象养成了不再挣扎的习惯，那么以后不管它长到多大，依然会被这样一根小绳子和小木桩束缚。因为在它的潜意识里，自己是无法挣开束缚的。”

爸爸接着说："习惯是一种非常重要的东西，会直接影响一个人的行为。习惯有着重大甚至可怕的力量，因为它很多时候会伴随一个人的一生。因此你一定要重视自己的习惯，注意养成好的习惯。"

听了爸爸的话后，小亮点了点头，"嗯，我要做男子汉，所以一定要有好习惯！不能让坏习惯束缚我！"

"对！好，我们去看马戏表演。"

"好！"父子俩高高兴兴地向观众席走去。

☆☆☆

正如小亮的爸爸所说，习惯有着重大甚至可怕的力量。作为一个男孩，更不能让坏习惯成为自己进步和前进的枷锁。

马斯洛曾这样说过："心若改变，你的态度跟着改变；态度改变，你的习惯跟着改变；习惯改变，你的性格跟着改变；性格改变，你的人生跟着改变。"由此可见，要想有好习惯，首先得有好心态。作为男孩，一定要保持对生活的热爱和积极之心。只有这样，才能够采取积极的做法来应对一切。在积极的心态和行动中，习惯的培养也能够变得更加容易。

男孩应该从心理上重视习惯的力量。滴水穿石，再小的习惯日积月累也能产生巨大的能量，所以千万不能忽视生活中任何一个好习惯。

习惯对男孩的影响存在于生活、学习、待人接物等各个方面，因此作为男孩，一定要从生活中的各个方面入手，培养良好的习惯。

习惯是一种看似隐形、实则无时无刻不存在的影响力，因此一定要坚持！要养成好习惯，一定要持之以恒，这样好习惯才能如同良师益友，如影随形一生，帮助男孩走向成功。

好习惯能助力男孩取得成功

一个人要想取得成功，必须具备的素质有很多，比如聪明、勤奋、努力，当然还有机会。但是任何成功都不是偶然的，很多时候，决定一个人成功与否的最重要的因素，往往不是智商，而是日积月累形成的习惯，因为习惯之中藏着一个人的人品和能力。所谓细节见人品，正是这个道理。

☆☆☆

一次，科学家做了这样一个实验：将几位小男孩放在一间屋子里，屋子里摆放着各种糖果、零食。然后科学家对几位小男孩说："你们在这里稍等我一下，我出去一会儿马上回来。在我回来之前你们先不要动这个屋子里的任何东西，好吗？"

所有的小男孩都异口同声地说"好"。于是科学家走出屋子。五分钟过去了，没有男孩动屋子里的任何东西，但是有的孩子明显表示出好奇。十分钟过去了，有的孩子开始蠢蠢欲动，慢慢地靠近那些看起来十分诱人的糖果，并且有人开始尝试偷偷拿走一两颗。

十五分钟过去了，好几个小男孩已经按捺不住，他们拿起糖果，拆开美丽的包装，相互分享。但是仍旧有几个孩子在观望。

半个小时后，科学家回来了。他看到除了一个小男孩仍然坐在他原来的位置上一动没动外，其他的男孩都吃着糖果。科学家走到这位小男孩身边，笑着问他："你怎么不去吃糖果呢？它们看起来很不错。"

小男孩一本正经地说：“妈妈说过，没有经过别人的允许，一定不能随便动别人的东西。”

科学家非常高兴，拿出一大盒巧克力，对他说：“好孩子，这是对你的好习惯的奖励。”其他小男孩都羡慕不已。

☆☆☆

故事中的几位小男孩在面对糖果的诱惑时并没有遵守约定，而是轻易动了别人的东西。这说明这些男孩在平时就没有养成“未经别人的允许不能轻易动别人东西”的好习惯。而那位乖乖坐在原地的小男孩最后得到了令人羡慕的奖励，这是他的好习惯为他带来的回报。

好的习惯无疑是一种非常重要的力量，能够帮助男孩在关键时刻取得成功，在机会面前帮助男孩准确把握。好的习惯犹如一面镜子，能够将一个人的闪光点迅速展现，赢得别人的好感，从而取得成功。因此对于一个男孩而言，好习惯是取得成功的“神助攻”。

☆☆☆

王老师在跟着学生自习时发现这样一个问题：很多孩子使用草稿纸时都是随手拿来随手写，而且写完之后随手一扔。他当时觉得这样可能有些浪费，但并没有多想，直到发现这样一个男孩：他手边的几张草稿纸叠放得非常整齐，而且每张都对折过两次，这样就将草稿纸分成了四份。需要用的时候，从左上角开始，一个部分一个部分来使用。王老师还发现，这个男孩的每张草稿纸都有编号。

王老师非常好奇，忍不住问道：“你的草稿纸怎么会有编号呢？”

“老师，这样我就能很快知道哪些题是在哪里计算的，验证的时候只需要按照顺序往下检查就可以了，既可以节省时间，又可以及时发现问题。而且每张纸也有自己的顺序，看起来一目了然，还能节省不少草稿纸。”男孩说道。

在一次考试中，王老师又看到了这个男孩。果然按照他的方法，检查题目的时候非常快捷，而且同样一份试卷，别人需要三五张草稿纸，他只需要两张就足够了。当别人还在手忙脚乱地找草稿纸、验算题目时，他已经前前后后检查了好几遍题目，最后又早一步提交了试卷。考试成绩出来后，他的成绩也是非常不错的。

☆☆☆

故事中的男孩在利用草稿纸这个问题上有个很好的习惯，大大提高了草稿纸的利用率，也提高了学习效率，一举两得。这样一个好习惯让他在考试中游刃有余，不仅节省了时间，而且提高了成绩。因此在考试中，这样的好习惯就成了他取得成功的好助手。

很多时候，成功往往取决于平时的一个小习惯。养成随手将垃圾扔进垃圾桶的习惯，就可以避免不少环境污染。养成将用过的东西随手放回原位的习惯，就可以避免卧室杂乱不堪，也就不会给人留下邋遢、随意的印象，增加别人的好感。

那么，如何养成好习惯呢？首先，养成好习惯要从小处着眼。其次，既要养成好习惯，又要坚持好习惯。所有能够对人生产生重大影响的习惯，并非是别具一格或者非常宏观的，往往看起来是“细枝末节”，甚至在许多人看来是“无关紧要”的，例如“不能随便乱动别人的东西”“给草稿纸编号”等，但是正是这样不起眼的小习惯却在日复一日的坚持中形成了一股巨大的力量。因此，养成好习惯，不要好高骛远，要从小处着眼、细枝末节处下手，并且在长期的坚持中让习惯为成功的人生添砖加瓦。

好习惯让男孩的生活井井有条

习惯这个看似很抽象的词其实体现在生活中的每个场景里。一个人说的每句话，都包含着他与人交流的习惯；一个人每一个举手投足，都包含着他待人接物的习惯；一个学生的书包里和课桌上，堆放着他收纳东西的习惯；一个人的卧室床头、衣柜鞋架上，也摆放着他对生活的习惯。因此，习惯无处不在，习惯，即一个人的生活态度。

从幼儿园起，每个人都被教育要将自己的东西摆放整齐，要将用过的东西放回原处。回到家，父母会要求我们打扫房间、收拾家务。这些好习惯让我们在井井有条的环境中更好地学习、生活。

☆☆☆

苏明是个大大咧咧的男孩，爱好体育运动的他一下课便径直奔向操场，不是在篮球场上蹿下跳，就是在足球场来回狂奔，一上课又挥汗如雨地跑进教室。他的书桌上非常乱，杂七杂八的东西堆了不少。因此上课前，最忙乱的就是苏明了。因为他总是要在一大堆书中寻找这节课需要的书。看着他“忙碌”的样子，同桌都忍不住对他说：“你收拾收拾自己的书桌吧，你看看多乱！”

“没事，这都是小事，我一个男子汉，收拾那么整齐干什么！”苏明每次都不以为然。

回到家里，苏明的卧室更是一团糟。衣服、球鞋、袜子丢满了房间，书柜里的书永远都没有分类，而且东倒西歪塞满了柜子。妈妈不止一次地数落过苏明，但是他总不以为然。

“我是男子汉，我不喜欢收拾屋子！那是女孩子干的事嘛！”

小小年纪的他还振振有词。

一天早上，苏明又一次在一大堆脏衣服里找自己的校服，时间一分一秒地过去了。本来赖床的他已经快要迟到了，在乱糟糟的屋子里要想寻找什么东西还真不是件容易的事情。

“明明，快点吃饭，马上要迟到了！”妈妈在外面催促道。

“我知道了，别催了，这不是正在找衣服呢嘛！”

苏明有些着急，也有些不耐烦，更有些生气。眼看着就要迟到了。

“平时让你收拾你不收拾，我给你收拾好了你也从来不整理，几天又成了‘狗窝’！现在知道了吧！”妈妈没好气地说道。

“唉……”苏明还在垂头丧气地找东西……

☆☆☆

故事中的苏明是个邋遢的男孩。他不喜欢收拾自己的东西，却还找借口“那是女孩干的事情”，在早晨起床后又一次耽误了时间上学，要迟到了才感觉到及时整理自己的东西这个习惯是多么的重要。在生活中有不少这样的孩子，尤其是男孩，他们大多数跟苏明一样，觉得男孩就不用收拾家务，也认为收拾东西是件“小事情”，其实不然。

及时收拾自己的东西其实是一个非常重要的习惯。它能够让一个人的生活环境变得整洁干净，为我们的生活带来很大的便利和舒适感，还能够让别人觉得舒服。试问谁愿意与一个邋遢不堪的男孩做朋友呢？更别提与他朝夕相处了！

好习惯让生活井井有条，这不仅仅体现在日常生活中，更体现在学习、工作中，一个好的习惯能为我们节省不少时间、节约更多资源，让工作生活变得更加简洁、高效。

☆☆☆

海明威出生于美国芝加哥市郊区奥克帕克，是著名的作家。他一生创作了无数优秀的小说作品，在1954年收获了诺贝尔文学奖。

海明威十分喜欢写作，每天醒来的第一件事就是走到写字台前进行创作。他会先把自己已经写好的部分重读一遍或是几遍，让自己尽快沉浸到小说的情节中去，然后继续接下来的文学创作。

海明威在创作时，习惯一只脚站着写作，这是他自创的一种写作习惯。他认为单脚站立的姿势能让他处于一种紧张的状态，而这种状态更能促使海明威尽可能简短有效地表达自己的思想，让他的故事能井井有条地进行下去。

☆☆☆

海明威在写作时喜欢一只脚站着，写完之后还要重复读自己写完的部分，这些很小的习惯给海明威带来了很大的变化，让他在写作中逻辑清晰，并且提高了写作的质量和效率。由此我们可以看出，一个小小的习惯会给学习、工作都带来非常大的变化，因此生活中的小习惯是非常重要的。那么作为男孩，该如何培养合适的习惯，帮助自己的生活变得井井有条呢?

首先，要做生活的有心人。或许男孩有些“粗线条”，经常会忽略生活中细枝末节的事情。但往往一个不起眼的小细节会给我们带来很大的变化。其次，要有一双善于发现的眼睛，并不断改进和提高自己。在生活中发现行之有效的好做法就要保持下去，重复一段时间之后才有可能慢慢变成习惯。最后，一定要持之以恒。要想习惯产生明显而且重大的影响，就必须做到持之以恒，时间可以证明一切，因此好的习惯一定要坚持，这样才能让我们的生活变得井井有条、更加美好。

养成好习惯，非一朝一夕之事

俗话说，冰冻三尺，非一日之寒。习惯犹如一颗种子，需要在时间和精力的灌溉下才能盛开美丽、娇艳的花朵。习惯的力量无法在短期之内达到非常明显的效果，而是需要在时间的累积之下才能彰显。因此，培养一个习惯需要时间，验证一个习惯的力量更需要时间。

☆☆☆

小泽今年14岁，是一名初中二年级的学生。

小泽不是个十分聪明的孩子，学什么都比较慢，花费的时间也比较多。这让小泽十分苦恼，想做出改变，但又不知道该怎么做。

这时候，他在一本书里看到一句话："好记性不如烂笔头。"

他觉得这句话很有道理，于是就买了个好看的本子随身带着，每当在学习的过程中遇到问题或者有特别喜欢的词句时，都会记录在本子上。每天放学写完作业后，他就会把本子拿出来，认真研究本子上的问题和词句，直到自己完全理解并且记住。

就这样过了很久，到期中考试的时候，小泽突然发现，自己好像变"聪明"了，试卷上的考试内容都是他会做的，原来一个做记录的小习惯真的能让他有这么大的改变。

从那以后，小泽更加喜欢做记录了，而且学会了分类和归纳，大大节省了时间，也进一步提升了自己的学习能力，提高了学习成绩。

☆☆☆

故事中的男孩小泽将自己不懂的问题和感兴趣的词句都记录在本

子上，并愿意花时间去研究。这个习惯不是一时半刻就可以养成的，但是在坚持了一段时间之后，却发现这个看似很小的习惯却有巨大的能量。由此可以看出，一个好习惯必须用时间来养成和检验，也只有时间才能体现习惯的价值。

有的男孩缺乏耐心，希望做事都能够“速成”，但是大多数可以“速成”的捷径却有着很大的风险。有的男孩不愿意在培养习惯上“投资”，导致习惯的培养半途而废，并没有取得预期的效果。

☆☆☆

晨晨一直是个性情急躁的男孩，做事也非常急躁，就因为这种性格，经常在考试中错误百出，学习成绩忽高忽低，很不稳定。为了让晨晨能够改变急躁的缺点，提高学习成绩，妈妈让他每天做完作业后自己检查，并且复习课本、预习知识，并叮嘱他考试的时候也一样，一定要学会检查和验算。

一开始晨晨觉得非常新鲜，出于好奇还愿意这样去做，但是没几次，他就觉得这样很费事。“好不容易做完作业了，还要检查！这多浪费时间！”

在妈妈的强制要求下，他又老老实实地回去做作业、检查作业了，但是不到一周，他就又打起了退堂鼓。一天下午，晨晨气呼呼地回到了家。

“这样做根本没用，你看我这次考试，成绩根本没有什么起色，反而下降了！”晨晨对妈妈愤愤地说。

“这才一周时间，你觉得能起到什么作用？”妈妈反问道，“你呀，就是太没有耐心了！哪有一蹴而就的事！习惯的养成需要时间，习惯产生作用也需要时间！”

晨晨虽然心里明白，但就是没有耐心坚持这个习惯。他自己心里也很着急，却不能坚持到底。

☆☆☆

故事中的晨晨性格急躁，在养成良好习惯这个问题上也急于求成。但是习惯的培养不是一日之功，当没有取得他预期的效果时，晨晨便放弃了。这样的做法实际上是很不利于自己的发展和进步的。

有人说时间就是生命，时间就是金钱。诚然，在现代社会中时间的确是决胜的关键。但是在这样的环境中，难免会让人变得浮躁和骄傲，很难沉下心钻研。这样的方式无疑是不适合学习的。因此，一定要重视时间在培养习惯这个问题上的重要性。

好习惯是在生活中被“发掘”的。作为男孩，要从生活中发现自己的行为方式，了解自己的特点，才能从中“发掘”哪些是好习惯，并将这些好习惯延续下去，使之帮助自己成长。

好习惯是在时间中“磨砺”出来的。时间是检验一切的真理，对于习惯而言也是如此。一个好的习惯在时间中养成，也在时间中被检验。经过一次次的检验、调整和修改，在实践中这个习惯已经变成一个人生活中不可分割的一部分，这时这个习惯才会真正体现它的价值和意义。

当“习惯成自然”时，好习惯才能真正发挥作用。要想让习惯成为我们生活的“帮手”，就必须需要时间。俗话说，习惯成自然，说的正是这个道理。当习惯成为一种自然而然的行为时，它才真正对男孩产生了重大的影响，当习惯成为自然甚至是本能时，也就达到了“量变”的积累，“质变”的发生也顺理成章。因此培养一个好习惯，绝对不是一朝一夕就可以完成的，必须舍得付出时间。

摒弃坏习惯，才能做更好的自己

“千里之堤，毁于蚁穴。”很多时候，原本可以促进人成功的机会就是被坏习惯弄丢的。经过时间沉淀的习惯具有一种深刻而巨大的力量，坏习惯更是如此。如果不能及时发现自己的坏习惯并改正，就很有可能深受其害。对于男孩而言亦是如此，只有摒弃自己的坏习惯，才能做更好的自己。

☆☆☆

一家著名的外资企业正在招聘，经过层层选拔，有几位学历水平、身高、相貌等客观条件都很不错的年轻人进入了最后的面试。这次面试由总经理亲自出马，大家都非常兴奋，也非常重视。

在简单问候之后，总经理借故离开了办公室10分钟。他刚一出门，几位年轻人就有些耐不住性子了，围着总经理的写字台，一会儿看看这个材料，一会儿翻翻那个资料。10分钟后，总经理回来了。大家都等待着面试题目，不料总经理却说：“面试已经结束了，很遗憾，你们没有一个被录取。”

听到这话，每个人都非常诧异。“怎么会？明明一个问题都没有啊！”

紧接着，总经理笑着说：“因为公司从来不录取那些乱翻东西的人。”这些年轻人却不认为乱翻别人的东西是不对的。

☆☆☆

故事中的年轻人因为自己一个小小的坏习惯而失去了宝贵的工作机会，由此可见一个小小的习惯也具有非常大的能量，“勿以恶小而为之”，坏习惯亦是如此。所以作为男孩，一定要及早发现自己的坏习惯，及时摒弃并改掉。

☆☆☆

乐乐是个比较调皮的男孩，从小就坐不住。虽然学习成绩还不错，但是写字真的是一塌糊涂。乐乐在写字的时候不是身子歪，就是本子斜。字自然写得不好看，也不整齐。

妈妈和老师都多次告诉他一定要端正坐姿，改掉坏习惯，乐乐自己也知道，但是说起来容易做起来难。不过乐乐也是极力想改正的，写字的时候他总是提醒自己：“坐正！一定要把字写好！”可是不知不觉中就又斜了身子，字又写得歪歪扭扭。爸爸和妈妈看见他歪着身子写字的时候，总是拍拍他的背提醒道：“坐正！”不过，过不了一会儿，乐乐就又歪着身子了。

乐乐心里其实也很着急，但是总是改正不了。一天，他去奶奶家写作业，奶奶看到他写的字，笑着说：“种庄稼还要有个样儿呢！如果种的庄稼像你写的字一样，那还不成了荒地了。”

第二天，乐乐跟着奶奶去田地里，发现庄稼都是行列整齐，大小适宜。看着整整齐齐的庄稼地，乐乐真是有些脸红，于是下定决心，一定要改掉这个坏习惯。

没多久，他的字就进步多了。乐乐也更加有信心了。

☆☆☆

故事中的乐乐因为写字的不良习惯导致字写得不好看。这个习惯大多数学生都有，影响自然也是每个人都知道。俗话说，字如其人、见字如面，写字的习惯不仅影响着字体的美观，更关乎着健康和形象，因此不能忽视。

习惯充斥在生活的各个方面，及早发现并改正坏习惯，对男孩的成长和成功具有重要意义。那么如何摒弃坏习惯，做更好的自己呢？

首先，要做一个善于发现、善于自省的人。一个人如果对自己和别人是双重标准，严于待人、宽以待己，那么将永远不会发现自己的缺点。因此，作为男孩，要有勇气面对自己的错误，正视自己的坏习惯，并且能够及时改正。

其次，作为男孩，要能做到从善如流。当别人指出自己的坏习惯时要虚心接受，一个人只有能经得住批评才能经得起赞美。如果别人是善意的指正，那么就要及时改正。忠言逆耳利于行，任何帮助我们改正错误的人都是关心我们的人。改正坏习惯也要借助巧方法。你如果是个意志力不够坚定的男孩，不妨请别人来监督自己；你如果是个“记性不太好”的男孩，不妨把自己的坏习惯用笔记下来，以经常提醒自己不要在同一个地方摔倒。

改掉坏习惯并不难，难的是战胜自己。如果一个人能够战胜自己，那么任何坏习惯都能被改正，任何困难也将不再是困难。因此作为一个男子汉，要有战胜自己的勇气和能力，及时摒弃那些会影响自己成长的坏习惯，走向成功的人生。

第二章

会生活才能健康又幸福
——男孩要养成科学的生活习惯

强健的体魄、健康的身心才是美好生活的保障。特别是男孩，将来要撑起一个家，如果不懂生活、不能养成科学的生活习惯，人生将会遭遇很多不顺。养成良好、科学的生活习惯，离不开适度的运动、均衡的营养、健康的饮食、美好清新的成长环境，以及基本的劳动技能。只有养成这些好习惯，我们才能变成会生活的男孩，并收获健康幸福的人生。

坚持运动，让男孩更强壮

强健的体魄是美好生活的保障，对于男孩来说尤其如此。运动是保持健康的重要方式，活泼好动的男孩更是对运动青睐有加。但是在满是现代化设施的城市中，供孩子们奔跑玩耍的地方似乎越来越少，快乐的运动对于孩子而言似乎有些“奢侈”。再加上繁重的学习负担，运动对于孩子来说，变得越来越“不重要”。对于天生喜欢运动的男孩来说，长此以往不仅会影响他们对运动的兴趣，而且会对他们的身体健康造成不良影响。

☆☆☆

每到下课，周周就坐在座位上一个人发呆。

同桌叫他一起出去玩，周周也是摇摇头，说：“我不想去。”周周从小体弱，妈妈更是嘱咐他要小心，“不要跟着一群男孩‘闹’”。平时在家里，周周也被妈妈“关在”屋子里，从不轻易出门。因为身体不好，又因为长期没有很好地锻炼身体，所以周周的脸色总不是很好。

一节体育课上，老师带领同学们学习打篮球。周周也跟着在操场上活动。传球时，同学们跑得都很快，周周很快就感到自己有些体力不支。“快！周周接着！”前面的同学忽然喊了一声，周周回过神来，连忙跑上去接球。忽然后面有人冲了过来，一个跃起就抢走了篮球，更不乃的是，他落地时还将周周撞倒在地。周周立马感到胳膊肘处一阵剧烈的疼痛，不觉“哎哟哎哟”地叫了起来。

体育老师当时也有点慌了，连忙将他背到医务室。经检查发现：周周的胳膊肘没什么大问题，只是软组织受伤了。医生说："没关系，以后加强锻炼，身体就会更结实。"

胳膊肘恢复后，周周每天都坚持跑步，开始跑一圈都气喘吁吁的他，渐渐地也能一口气慢跑三五圈了。妈妈起初还害怕运动量过大会伤害孩子身体，但是看着周周一天天地强健起来也就慢慢放心了。周周其实是个很喜欢运动的孩子，现在每天都能运动，这也让他变得更加开朗了。

☆☆☆

故事中的周周因为缺乏体育锻炼导致身体健康受到了影响，因此才会在体育课上一运动就受伤。通过运动，周周的身体很快便有了起色，再也不像从前一样"弱不禁风"了。体育运动对于孩子的身体健康至关重要，不可忽视。

运动对于身体健康的帮助并非一朝一夕就可以看到。要想依靠运动保持身体健康，就要长期坚持，三天打鱼两天晒网，自然不能起到强身健体的作用。

☆☆☆

小庆的爸爸是个运动迷，小庆从小耳濡目染，也对运动十分着迷。他今天看爸爸看篮球赛，就吵着要打篮球；明天看到爸爸在看世界杯，就闹着要踢足球。可是等到爸爸把几百元的篮球和足球都带回家的时候，他还没玩两天，就全部都丢到一边去了。

"小庆，你这样可不好！哪有这样三天打鱼两天晒网的！"爸爸说。

"爸爸你说运动可以锻炼身体，可是，打篮球那么累，踢足球也很辛苦，我不想再玩了。"小庆躺在沙发上，一边玩游戏一边说。

“运动就要坚持！你看看那些篮球运动员，都是几年如一日地坚持着，哪有像你这样的！”爸爸说。“你只是看到那些运动员身体健壮，但是自己从来都不坚持，所以永远都达不到他们那样的水平。”

任凭爸爸怎么说，小庆只是一味地抱怨运动太累，无法坚持锻炼身体。

☆☆☆

故事中的小庆对运动的喜欢只是一时的热情。因为看着运动员们强健的身体十分羡慕，小庆便对体育运动跃跃欲试。但是没有做到坚持的他却最终用“累”的理由拒绝运动，这样自然是无法取得成效的。

☆☆☆

新加坡前总理、内阁资政李光耀一生热爱运动，直至古稀之年，依然耳聪目明、精神饱满。

不论在家还是在国外，李光耀每天坚持跑步20分钟。他说:“我每天都做运动，如果不做，便感到懒散。我发现健身操使我感觉更好，能开胃且能使我睡得更好。”

除了跑步，他还喜欢游泳和骑自行车。李光耀的随身行李中都带着可折叠的健身脚踏车，每天清晨或者傍晚他都要进行运动。李光耀认为，除了运动，还要有足够的休息才能保持健康。虽然每天睡眠8个小时最理想，但因为睡眠质量非常高、从不失眠，因此每天只睡六七个小时的他依然精神抖擞。

谁又能想到李光耀曾是个胖子，也喜欢吃炸鸡翅、喝啤酒和葡萄酒呢？经过长期坚持不懈的锻炼，他不仅身材好而且身体健康。

☆☆☆

李光耀依靠运动保持身体健康。由此可以看出，只有坚持不懈地运动才能达到健身的效果。在生活中，男孩要如何做到坚持运动、强健身体呢？

首先，要找到自己的运动兴趣。每个人都有不同的爱好，只有对一项运动有兴趣才能长期坚持。因此男孩要选择自己喜欢的运动项目。其次，最好有人陪伴。很多人无法坚持运动的原因是一个人运动既无趣又没有人监督。因此，男孩可以找自己的好朋友或者父母一起运动，在竞争、鼓励和陪伴下，共同坚持运动。

科学饮食，让男孩营养均衡

健康的身体离不开均衡的营养，这就要依靠科学饮食了。科学饮食对于成长中的青少年来说非常关键，但是不少男孩却在“吃饭”这件事情上有各种各样的“毛病”，如挑食、偏食等，这都会造成不同程度的饮食健康问题。有的男孩甚至早早患上了肥胖症，这将对身体造成极大的负担。

☆☆☆

有这样一则新闻：王明来自贵州，千里迢迢赶到南京，希望能通过切胃手术改变肥胖状况。

才上初二的王明体重已经达到320斤。超负荷的体重让他的膝关节和踝关节承受了巨大的压力，走起路来都有些摇晃，不得不走几步就停下来歇息。

作为独生子的王明在家里十分受宠。尽管家庭条件并不好，但是王明从小爱吃什么就能吃什么。王明胃口大得惊人，一点都不挑食，一顿能吃5碗米饭。他尤其爱吃肉，常年离不开碳酸饮料和甜食。

体检时，王明被查出患有中度脂肪肝，身体多部位如脖子后颈、腋下、腹部、背部都有严重的黑棘皮症。关节也由于负重太大退化严重，站的时间稍微久一点就会出现手脚发麻的现象。

最可怕的是，肥胖压迫了其呼吸系统，导致王明睡着睡着就突然被憋醒。“只要是躺着或者侧卧，孩子就觉得憋得喘不上气，所以只能趴着睡。即使这样，每天晚上，他依然能被憋醒。”王明的爸爸说。

王明刚出生时，体重3.3公斤，还很正常。甚至长到3岁时，相比其他同龄孩子，王明看起来还有点瘦小。

“他当时一吃东西就呕吐，我们急啊，照这样下去，身体怎么吃得消？去医院看，医生说营养没有跟上，让每天喝点牛奶，吃点鸡蛋。”王明的爸爸说。

经过一段时间的饮食调理后，呕吐症状有了好转。但是孩子胃口却大开，走上了急速增胖的道路。“小时候，他只要在家，嘴巴就不停，我们说他，他就跟我们急，管不了。”爸爸无奈地说。

就这样，他的体重现在突破了320斤，王明一家人无奈之下只能带着他前往南京求医。

☆☆☆

新闻中的王明原本是一个体重很正常的孩子，正是他的不科学饮食，导致其体重急速上涨，最后达到近乎不可控制的地步，甚至对他的生命健康都造成了非常严重的影响。由此可以看出，科学饮食对于身体健康的重要性。

☆☆☆

小天是周围出了名的“瘦猴子”。

处于青春期的小天只见长个，不见长胖。虽然妈妈每天变着花样为他做各种好吃的，但是小天实在是太挑食了。

今天妈妈做的面条，他嫌弃口味淡，只吃了两口就不吃了。明天妈妈又做了米饭，做的糖醋排骨，他又觉得太酸了不想吃。总之每天都能挑三拣四说出一大堆毛病，然后自己拿着一包泡面和一罐可乐去卧室玩起了电脑游戏。一开始妈妈并不是非常在意，只觉得孩子还小，难免有些挑食，于是花更多心思给小天做饭。但是小天却依然在吃饭的时候挑挑拣拣，什么都不爱吃。

妈妈甚至怀疑小天是肠胃不好，带他看了医生，又开了调理肠胃的药。但是小天在吃药的问题上却三天打鱼两天晒网，妈妈眼见着小天瘦得一阵大风都能刮倒的样子非常着急。

☆☆☆

身体开始发育的青少年只有及时补充营养才能保证身体健康，作为男孩更是如此。但是故事中的小天十分挑食，因此十分瘦弱，这对他以后的成长是非常不利的。学习、生活无一不需要强健的体魄，因此男孩一定要科学饮食、营养均衡。

首先，要改掉饮食方面的不良习惯如挑食、偏食等。有的男孩偏爱肉类食物，而家人觉得肉类富含营养，对孩子的健康好处多多，因此从不限制孩子吃肉，甚至还鼓励孩子要多吃。但其实食用肉类过多对身体弊大于利，因此一定要适量食用。

其次，要注意营养均衡，多食用蔬菜、水果等富含维生素的食物。大多数孩子对蔬菜就像存有“偏见”一样，从小便比较抵触。

但是蔬菜中含有很多维生素，是人体健康必不可少的营养元素，因此一定不能少吃或者不吃。此外，食用蔬菜必须加工至熟方可食用，否则会引起肠胃疾病。

最后，要改掉不良的饮食习惯，舍弃高热量、高脂肪等“垃圾食品”。快餐大多味道惹人，但是营养价值却不高，甚至含有的热量过高，食用过多会对人体造成非常大的不利影响。很多孩子的肥胖症都与其平时偏爱快餐有分不开的联系。因此，男孩要想身体健康、身材匀称，就必须控制自己对快餐的“热情”。

此外，甜食也是孩子喜爱的食物之一，但是过多食用会对牙齿造成不利影响，也会导致肥胖症，因此在甜食的食用上一定要注意节制。

讲卫生，避免健康隐患

食品卫生是一个老生常谈的话题，但是食品卫生的问题却层出不穷。俗话说，病从口入，饮食卫生问题的确是关乎身体健康的重要因素。对于成长的男孩而言，饮食卫生问题更是随处可见。

☆☆☆

一天，六年级一班的同学小安没有来上学，第二天他的父亲又打电话来请假。班主任非常诧异，得知前两天小安的爸爸带着小安出去玩时，因为天气非常炎热，就在路边的小摊上买了一瓶果汁，小天咕噜咕噜一口气全喝进了肚子，结果还没到家小天就开始肚子疼。他起初没在意，不一会儿就越来越疼，到了傍晚甚至开始发热。家里人这才十分着急，连忙打了120，把他送到了医院。

到医院一检查才知道是急性肠胃炎。医生说应该是吃了不干净的东西导致的。天气炎热，路上随便买的食物和水不卫生，很容易吃坏肚子。

夏季是饮食安全容易出现问题的季节，因此学校非常重视。班主任给同学们开了班会，对其进行了一次食品安全教育。而学校也加强了检查和消毒工作。

☆☆☆

食品安全的问题大多来自于食品卫生。男孩多数比较粗心，经常忽视食品卫生问题。在“美食”面前，年少的孩子就会被影响。路边摊、小卖部、快餐店，还有水果、冷饮店等，几乎都是食品卫生问题的“重灾区”。尤其是夏天，食品卫生问题更要多加注意。

☆☆☆

“渴死了！渴死了！”乐乐一放学就冲进家里，满头大汗的他到处找水喝。

“你等会，水还没……”妈妈一句话还没说完，乐乐已经在水龙头上“解决”了问题。

这样的情况几乎天天都要发生。正值青春期的乐乐运动量非常大，炎热的夏天他或刚打完球，或急匆匆跑回家又急匆匆出门，每次都是跑得满头大汗地回家找水喝。很多时候他都是不管生水还是凉白开水，只要能解渴抓起来就往嘴里倒。妈妈来不及拦，自来水就到了他的肚子里。厨房里的水果，有时候还没洗他就往嘴里塞，即使洗水果，也是放在水龙头下“敷衍”着冲一冲，妈妈多次提醒，但是乐乐总是不放在心上。

有一段时间，乐乐总是感觉肚子不舒服，吃饭没有胃口，还时不时会肚子痛。粗心的他并没有将这些事放在心上，继续我行我素。但是妈妈却感觉到他无精打采，考试前特意带他去医院检查，没想到他的肚子里已经出现了好几条寄生虫，而医生说这正是经常喝生水导致的。

☆☆☆

生水中有许多会致病的细菌，如果经常饮用，就会导致许多健康方面的疾病。故事中的乐乐正是如此。由于经常饮用生水，他身体中出现了寄生虫，导致食欲不振、消化不良，长此以往会对身体健康造成严重影响。

☆☆☆

小名是个非常大胆的男孩，一放假就去爷爷奶奶居住的乡下。在那里有一帮他的小伙伴，他们经常漫山遍野地乱跑，这让一直在城市生活的小名感到非常新奇，也非常舒适。

这帮大胆的孩子还经常在山野里“烧烤”，不过他们的食材可不是羊肉串、小龙虾或者蔬菜，而是从山泉里捉来的青蛙、田野里逮到的蚂蚱，甚至是草丛里抓来的小蛇。

前几次小名只是看着他们吃，毕竟从来没有吃过野味，既陌生又害怕。但是禁不住小伙伴的“教唆”，再加上飘来的阵阵香气的“诱惑”，没多久小名就加入了他们。第一次尝鲜的经历让他非常满意，慢慢地他竟然爱上了这种“野餐”的方式。每次放假都嚷嚷着要回爷爷家。

没过多久，小名就觉得自己每天头昏脑涨、腹部绞痛，经检查他患上了严重的寄生虫病。而那些寄生虫，正是来自那些野味。

☆☆☆

故事中小名的行为其实在生活中并不少见。有的家长喜欢吃“野味”，也经常带着孩子吃，但其实这些“野味”中携带着大量的寄生虫和传染病细菌，如果加工过程的卫生不过关，很有可能会感染到人。因此在生活中尽量避免食用“野味”。

此外，男孩要想保持身体健康，避免健康隐患，就必须养成良好的卫生习惯，比如饭前便后要洗手、不能喝生水，吃水果也一定要清洗干净，更不能食用劣质、过期的食品，尽量少吃路边小摊上的食品等。只有养成良好的卫生习惯，才能真正避免健康隐患。

培养兴趣爱好，做个有趣的男孩

有人说，作为一个男孩，要有担当，这样才算是男子汉；有人说，作为一个男孩，要足够优秀，这样才能“光宗耀祖”；也有人说，作为一个男孩，要有所成就，这样才算成才、成功。但其实作为男孩，更重要的是要学会生活。一个会生活的男孩必定是非常有趣的。同一个有趣的男孩在一起，不管是家人还是朋友，都不会感到无聊，也不会觉得沉闷。

要做一个有趣的男孩，就要懂得欣赏生活、有丰富的阅历等，但这些或许对于一个青春期的少年来说有些困难。男孩可以培养一个或者多个兴趣爱好，让自己乐在其中。

☆☆☆

班里要举办元旦晚会，原则上要求每个人都拿出表演的节目。小伙伴们都非常积极，但是小兵却坐在自己的座位上一言不发，照常看着自己的课本。

“小兵，你要表演什么啊？”上课前同桌兴致勃勃地问道。（他刚刚报名了，表演二胡独奏《赛马》。从小学习二胡的他终于有机会大展身手了。）

“我不想参加。”小兵低声地说。

“为什么啊？这多好的机会啊！”同桌很不理解。

“因为我没有什么特长啊。”小兵尽量若无其事地说。

“那你总有个爱好吧！”

“也没有。”

“那你回家课余时间都干什么了？”同桌很惊奇地问。（从小喜欢音乐的他一直都没有放弃过学习二胡，周末有空还会去听一场音乐会，或者去看表演。他觉得日子过得有趣且满足。）

“不干什么，看书、看电视、睡觉。”小兵头也没有抬地说。

“那你这样的日子得多无聊啊！”同桌脱口而出。

“我觉得还好啊，也许是我习惯了吧。”小兵有时候其实也会感到无聊，但是他很少接触别的东西，自己也不知道自己有什么兴趣爱好。

“每个人都会有自己的兴趣爱好的，只是你自己还没发现而已。有个爱好其实是件特别好的事，能够打发自己的时间，还能够交到很多志同道合又有趣的朋友，即便一个人待着，也有个有意思的事情做，也不会无聊。”同桌一口气说了许多兴趣爱好的好处，小兵有些沉默了。

☆☆☆

故事中的小兵和他的同桌形成了一个鲜明的对比。小兵沉默寡言，闲暇时间几乎没有什么兴趣爱好，而他的同桌却开朗活泼，还有让自己引以为傲的爱好——拉二胡，将自己的兴趣变成了特长，让自己的生活也变得十分有趣，身边的人也会觉得和这样的人相处是一件非常有趣的事。正如小兵的同桌所言，爱好可以帮助一个人度过闲暇时间，不会让人觉得无聊，给自己带来许多精神享受，也能帮助自己更好地生活。

☆☆☆

遥遥从小就是学校里出了名的“才子”。

他弹得一手好钢琴，小小年纪就参加了许多比赛，并且都取得了很不错的成绩。他还是个“小画家”，家里挂满了他大大小小的油画作品，来家里的客人都开玩笑地说遥遥给家里省了不少钱。

遥遥的文章写得也很不错，他的生活有趣，将有趣的生活记录下来的文字自然也很有趣；将自己的日子过得活色生香，自然也能将其写得活色生香。遥遥可是学校报刊的“专属作家”，每次写的文章直接通过。

遥遥的业余时间过得非常充实，每天练钢琴、画画，他将所有的心思都放进钢琴里、画板上。他还是个善于体察别人心情的孩子。每当妈妈心情不好时，屋子里总会响起一阵轻柔的《致爱丽丝》，那是妈妈最喜欢的曲子。在美妙的音乐中妈妈的心情得到抒解，而儿子的体贴之心，更是让妈妈感动。

☆☆☆

故事中的遥遥是个兴趣广泛、为人体贴细致的男孩，这样的男孩才是真正的“暖男”。他总是能以非常优雅而且温柔的方式对待周围的人，这无疑会给别人带来非常舒服的体验与感受。这就是一个有趣的人的魅力。

作为男孩，一定要培养自己的兴趣爱好，在生活中做一个有趣而且有魅力的人。如何才能做到有趣又有魅力呢？

首先，要善于发现自己，找到自己的爱好。每个人都有不同的特点，一定要根据自己的实际情况寻找自己的爱好。这个爱好最好具有现实性，并且能够起到陶冶情操、培养气质的作用。

其次，爱好也需要坚持。每一个爱好要想变成特长都需要经过时间的磨炼，不能三天打鱼两天晒网，只有坚持不懈才能获得成功。

最后，需要有发现美的眼睛。在这个过程中要能发现美、体会美，不要将其当作负担，而是在学习的过程中发现趣味，这样才能真正让自己成为一个有趣的人。

不做不爱劳动的“小皇帝”

古语有云，“慈母多败儿”，意思是说慈母一人就能宠坏孩子。在今天的社会，父母大多本身就是独生子女，结婚以后两代人共同抚养一个孩子，更是将孩子宠得上了天。导致只要一离开家人，有的男孩这也不会那也不会，好像又回到了婴儿时代，丧失了许多基本技能。因此，男孩要热爱劳动，不做不爱劳动的“小皇帝”。

☆☆☆

子晨是一名一年级的小学生，今年7岁。

平时在家里他是一个很开朗的孩子。虽然学校离家很近，但是爷爷奶奶每天都去学校接他回家。之前他总是兴高采烈地跑回家，爷爷奶奶背着书包在后面跟着他。可是最近妈妈发现他回家总是闷闷不乐的。

有一天下午放学后，子晨回到家依然闷闷不乐。妈妈问他："子晨为什么不高兴呢？"子晨告诉妈妈，班里面同学轮流值日，之前有小朋友帮他，可是最近，小朋友不仅不帮他值日，而且没有小伙伴乐意和他一块儿玩耍了。妈妈反问道："你为什么不自己干呢？""我不会用那些工具啊，而且劳动那么脏那么累，不应该都是别人干吗？"子晨委屈地跟妈妈说道。

妈妈语重心长地说："孩子，每个人都是一样的，在家里你不劳动有爷爷、奶奶、爸爸、妈妈帮你，但是在学校小朋友和你一样啊，他们当然乐意和爱劳动的小朋友一起玩啊。还有，不会用那些工具你可以慢慢学啊。"

听了妈妈的话，子晨暗下决心一定要学着值日。

果然，两周之后，学会了值日的子晨虽然下午回来的时候有点脏兮兮的，但是他又变回了那个阳光开朗的小男孩。

☆☆☆

故事中的子晨曾经是家里的"小皇帝"，不爱劳动，结果小朋友渐渐地都不和他玩耍了。在妈妈的帮助下，子晨找到了原因。他努力克服困难改变自己，虽然从一个衣服洁净的"小皇帝"变成了一个有点脏兮兮的值日生，但他得到了很多小朋友的认可，重新变成了阳光快乐的男孩子。所以，只有热爱劳动，才能成为同学心目中的好伙伴。

众生百态，人有不同。有的男孩子不爱劳动，希望永远有人帮他劳动，也不学着改变自己，最终被同学和朋友孤立。

☆☆☆

小峰今年已经13岁了，秋天的时候升入初中，由于离家比较远，就住校了。

刚开始的时候，由于刚刚离开家的新鲜劲儿，小峰觉得住校生活很好，过得也很开心。但是一周之后，小峰就打电话给妈妈说想要回家。

小峰从小到大一直是家里的“小皇帝”，住校以后，舍友们轮流打热水、做宿舍值日。刚开始舍友们就帮小峰做了，但是后来发现小峰从来没有做这些事情的意思。渐渐地，舍友们开始不帮他打热水了。打扫卫生的时候，小峰的床铺也没人帮他整理。小峰觉得很不可思议，这些人怎么不帮他干活呢？

☆☆☆

故事里的小峰不劳动，总是指望别人替他来完成，结果慢慢地被舍友们孤立。但是他只是觉得他的舍友们不好，不肯在自己身上找原因。这样下去既不利于身体健康又不利于人际交往。

诚然，每个孩子都是祖国的花朵、祖国的未来。祖国的未来是需要有人来建设的，你不劳动我不劳动，建设祖国就会变成一个美好的愿望，犹如“水中月，镜中花”，看似美丽，却永远无法触及。

人存于世，当有所作为。《钢铁是怎样炼成的》中的主人公——保尔·柯察金曾说道：“人，最宝贵的是生命；它，给予我们只有一次。人的一生，应当这样度过：当他回首往事时，不因虚度年华而悔恨，也不因碌碌无为而羞耻；这样在他临死的时候，他就能够说：我已经把我的整个生命和全部精力，都献给了这个世界上最壮丽的事业——为了人类的解放而斗争。”作为普通人，我们的一生不求轰轰烈烈，但求有所作为。

作为男孩，首先，要做到生活自理。从小要做到“自己的事情自己做”，还要帮助父母做力所能及的家务，分担家庭责任，在劳动中培养责任感。其次，要积极学习生存技能。其实很多“家务”都是生存必备技能，为了自己更好地成长，男孩要学会做饭、洗衣等基本技能，这样等到自己独立生活时才能游刃有余，照顾自己。最后，要对劳动有正确的认识。男孩不能将其作为一种不必要的负担，更不能认为父母等家人为自己包办一切天经地义。每个人都必须学会照顾自己，这样才能照顾别人，做一个真正有担当的男子汉！

第三章

成由勤俭败由奢

——男孩要养成勤俭节约的好习惯

古语云："俭，德之共也。侈，恶之大也。"勤俭节约的人，总是以节俭为荣耀，而且会时刻体现自己的节俭风尚；反之，铺张浪费的人，总是以节俭为耻辱，认为节俭就是吝啬、掉价，而且总会表现得大手大脚。勤俭节约是中华民族的传统美德，我们在呼喊这句口号的同时，更要将其落实在日常行动之中，养成节约的好习惯，做一个节俭的男孩。

一物一餐，都要珍惜对待

勤俭节约是中华民族的传统美德，这句话很多人从小到大听过了无数次，但是这句话绝不仅仅是一句口号，更要落实在日常行动中。

一餐一物，都凝聚着劳动者和大自然的心血。对生活中一餐一物都能够珍惜对待，是一个男孩的基本素养。因此，在生活中要做一个细心、节俭的男孩，对每一餐每一物都能珍惜。

☆☆☆

天气炎热的时候，南南最喜欢开着空调睡觉了。只要他在家里，就会一直开着空调，就算是在半夜，也是裹着被子开空调睡觉。

“天哪！这个月的电费怎么这么高？”月底交电费的时候，南南的妈妈吓了一大跳，就问南南：“你是不是晚上睡觉又没有关空调？”

“开空调凉快啊，太热我会睡不着觉的。”南南说。

“但也不用开一整夜啊！这样多浪费。从今天开始，睡觉前把空调关掉吧。”妈妈说。

南南却觉得只有夏天才开空调，平均到一年的时间里，也没有浪费多少啊，不管妈妈怎么说，他都不同意关掉空调睡觉。

“不关不关就不关，你们怕浪费，那你们自己房间的空调关掉不就行了。”南南嚷道。

妈妈见他这么不懂得节约，也生气了，“既然这样，从这个月开始，你的零花钱每月减半，补贴电费。”

“啊？怎么这样，我的零花钱本来就没多少，节约用电和我根本没有关系，那是你们大人的事情啊。”南南哇的一声哭了起来。

☆☆☆

故事中的南南因为怕热不愿意关空调，当妈妈提出用他的零花钱来补贴家里电费时，他却觉得节约用电和自己没有关系，这种想法就是很不正确的。

每个人都与自然、环境有密不可分的联系。而家庭是一个人最早接触的环境，家庭里的一草一木、一物一景都与自己有着非常亲密的关系，这一点不分家庭成员的年纪和性别。因此，珍惜身边的事物，就应该从家庭做起。试问，一个连自己家庭中的一餐一物都不知道珍惜的人，以后还能为别人、为社会服务吗？

☆☆☆

张宏家夏天也开空调，但每次开空调的时候，他都会自觉地把家里的门窗关紧，减少冷气外流。

爸爸问他为什么这样做，他一本正经地说：“当然是为了减少浪费，节约资源啊。”

“你还知道节约资源？儿子懂事了啊。”爸爸夸奖道。

“当然了，我们在学校都学习过，节约资源，减少浪费，保护自然，人人有责。”张宏自豪地说道。

“真不错，那你知道还能怎么节约资源吗？”爸爸想考一考张宏。

张宏想了想，说：“其实我早就想和爸爸妈妈商量了。”

“商量什么？儿子说说看。”爸爸鼓励道。

“其实我们可以减少开空调的时间，在房间的角落里放些清水一样也能消暑。如果还嫌热，还可以从冰箱里取一些冰块出来，放在清水里，这样制冷效果也不比空调差，还健康环保，节约能源，更不容易得空调病呢。”

“很不错的主意啊，儿子真聪明。”爸爸听后两眼放光，马上就去冰箱里拿冰块了，“儿子快去端盆清水来，咱们就按你说的做。”

“好的爸爸，我这就去。”张宏开心地端水去了。

☆☆☆

这个故事中的男孩张宏在打开空调时紧闭门窗，减少了冷气的外流，自然也就节约了用电。张宏还能主动寻找方法来降低空调的使用频率，从小的方面来说是节约了家庭用电量，从大的方面来说是对环境保护和资源节约都做出了贡献。虽然看似微小，但是积少成多，如果越来越多的人能够参与这样的行动，就一定能够对我们的生活产生很大的影响。

作为男孩，一定要有足够的主人翁意识，主动承担勤俭节约、珍惜身边任何美好事物的责任，不能对身边的浪费视而不见，更不能成为浪费的人。

作为男孩，要培养自己的细心和敏锐度，能及时发现自己身边的浪费现象和行为，并且开动脑筋，积极寻找节约的妙招，做一个“善于”节约的人。

作为男孩，要养成简朴的生活作风和生活习惯，平时的吃、穿、用不铺张浪费，在生活中不太过讲究“排场”，不与人过多攀比，也不刻意追求名牌大牌。节约要从小处着眼，吃饭不浪费，积极参与“光盘行动”；节约用水、用电，不做马虎大意的“甩手掌柜”。其实这些小事都是生活中的举手之劳，只要稍加留心，就能够做到。

巧动手，废变宝

可以说，生活中时时刻刻都在产生着垃圾和“废物”。有句话说得好，“垃圾是放错了地方的宝贝”，在生活中亦是如此，如果我们能够留心，其实很多废品都可以变成宝贝。

男孩一般要比女孩“粗心”一点，因此有可能会错过大多数生活中“变废为宝”的机会。但其实只要稍稍留心，男孩也能够变成一个善于变废为宝的创造家。

☆☆☆

有一天下课的时候，老师布置了一项家庭作业——自己动手，变废为宝。

老师说：“同学们平时有哪些用不到的废旧东西，都可以收集起来，一周后，用这些收集的东西制作出一个有用的物品出来。”

“平时用不到的东西？旧瓶子算吗？”下课后，男孩乐乐和同桌一边走一边讨论着：“那我以前穿旧的衣服是不是也可以收集起来？”

“旧衣服能做什么？还不如收集矿泉水瓶子，剪开后还能做一个透明的花盆呢。”同桌说。

“但是那样的花盆很难看吧，如果能装饰一下就会很好。”乐乐也同意同桌的想法，两个人高兴地去收集瓶子和一些能做装饰的东西了。

走在他们身后的小光对他们的想法嗤之以鼻，他认为废旧的东西都是没用处的，根本做不出什么有用的东西来，他才不要做这种费力不讨好的事情呢。

一周后，同学们都拿来了很多旧东西，有旧衣服、旧报纸、旧瓶子等。只有小光什么也没准备，老师问他为什么没有准备好旧东西时，他挺着胸说道："我有的是钱，要什么东西只要用钱买就行了，为什么还要用旧的？"

☆☆☆

故事中的男孩小光拒绝完成老师布置的"变废为宝"的作业，他认为这样做是没有意义的，而有钱则可以买到一切自己想要的东西。我们生活中所需的大多数物品都可以通过金钱获得，但并不是所有的东西都必须通过金钱才可以获得。自己动手变废为宝的过程不仅仅是节约的过程，更是一个参与的过程，是一个享受的过程，是激发自己创意和灵感的过程，也是发现和制造生活中的美的过程。当看着一个塑料瓶从废品变成一个花盆时，心中的满足感和喜悦溢于言表，这就是动手参与的意义。

☆☆☆

李亮的旧裤子破了个洞，他想都没想就扔进了垃圾桶，妈妈看见后，赶紧捡起来，对李亮说："别浪费，补一补还能穿呢。"

"这条破裤子都穿了快一年了，现在还破了个洞，补好了也难看，我才不穿呢。"李亮撇撇嘴一边说一边回到了自己的房间。

妈妈笑着摇摇头，捡起裤子也回了房间。

第二天放学后，李亮在客厅沙发上看到一条印着变形金刚的裤子，而他最喜欢变形金刚了。

“妈妈，这是你给我买的新裤子吗？我太喜欢了。”李亮高兴地喊道。

妈妈点点头说：“是啊，快去试试合适吗？”

“合适，肯定合适。”李亮高兴地去试衣服了，妈妈在客厅里捂着嘴笑。

裤子果然很合适，李亮左看看右看看，突然觉得这条裤子和昨天被他扔掉的那条很像，应该是妈妈按照那条裤子的样子买的吧。

“喜欢吗？”妈妈问。

“喜欢，和昨天那条裤子很像。”他说。

妈妈说：“当然像啊，这就是你昨天那条裤子，我只是用了一些特殊的修补方法，就变废为宝了。”

“谢谢妈妈。”虽然是旧的，但李亮并没有嫌弃，因为他实在是太喜欢这条“变废为宝”的旧裤子了。

☆☆☆

故事中的李亮本来要扔掉的裤子经妈妈的“巧手”变成了让他爱不释手的“新裤子”，这就是变废为宝的魔力。其实生活中有很多这样的例子，有的衣服稍微破了一点便“惨遭抛弃”，书包稍有些旧了便立马被换掉，似乎生活中许多东西都变成了“一次性用品”。但这些做法无疑造成了许多浪费。

学会变废为宝是一项技能。作为男孩，首先要做一个善于发现和利用“废品”的人。如果有一双能够发现这些废品闪光点的眼睛，就一定能够利用这些闪光点。

其次，要有一双“巧手”。巧手能够将废品重新改造，让它们“改头换面”、重新发光发热。所以，男孩不仅要善于发现，而且要学会动手。动手能力要在实践中培养和锻炼，因此只有时常动手才能够提高动手能力。

最后，男孩要学会用正确的心态来面对“废变宝”的主张。这并不是“哭穷”的行为，也不是吝啬，而是一个勤俭节约和增加生活趣味的好习惯。只要我们能够用正确的态度来面对，不太过在意别人的眼光，用心体会，就一定能从中发现乐趣，这才是自己动手的最根本意义。

做个会花钱的男孩

花钱，绝不仅仅是一种简单的消费行为，更是一种能力，映射出男孩的消费观、金钱观，也能够反映出一个人的财商。赚钱是一种能力，花钱更是一种能力。有的人花钱大手大脚，经常导致自己的生活入不敷出；有的人却“不会花钱”，即使拿着钱也不会买东西，要么物不美价不廉，要么总是缺这个、少那个。这些问题归根到底都是“不会花钱”造成的。

☆☆☆

杨帆是一名初中男生，随着年龄的增长，父母给他的零花钱也增加了不少，包括买文具和衣物的钱。

手里有了钱，杨帆十分高兴，周末的时候和自己的好朋友一起去了商场，他想买一双新球鞋。

来到商场后，杨帆和朋友径直来到三楼的运动区，随手试了一双鞋，觉得挺合适，就掏钱买了下来。

朋友惊讶地问：“你不再看看其他店的鞋子吗？”

“我觉得这双挺好，不用再看了吧。”杨帆这还是第一次给自己买衣物，以前都是一些小文具，他都是看上就买的。

“那你也讲讲价啊，或者问一问有什么折扣，我觉得这双鞋你买得有点贵。”朋友忍不住说。

“讲什么价啊，反正爸妈给的钱够，讲价多掉价啊。”杨帆不以为意地说道。

朋友笑道：“这不是掉不掉价的问题，而是会不会花钱的问题，你啊，太不会花钱了，浪费！”

☆☆☆

故事中的杨帆就是个典型的“不会花钱”的人。他连“货比三家”“砍价”等花钱的基本常识都不懂，甚至认为“砍价”是一种让自己非常“掉价”的行为，这就是虚荣心在作祟。会花钱的人首先要能够为自己“省钱”，其次能够用最合理的价格买到最心仪的物品。

花钱是一种非常考验人的行为。通过花钱能够看出一个人的财商，看出这个人对待金钱的态度，也能看出一个人对待生活的态度。买东西马马虎虎，“凑合”着买的人，对待生活和身边的人很有可能也是非常粗心或者随意的，而花钱时畏首畏尾、总是小心翼翼的人，要么太过于吝啬，要么对生活有太多的担忧。这样的做法和为人都会对自己和身边人产生或多或少的影响。而一个会花钱的人，则会帮助自己和别人更好地生活。

☆☆☆

周末，刘君耀和同学去买衣服，来到商场后，他决定先去买上衣。

“这件T恤不错。”同学看中了一款短袖T恤，刘君耀看了看，觉得也不错，就问老板：“这件T恤怎么卖？”

“130元。”老板张口便说了一个价钱，刘君耀听后就想付钱了，他说：“这件衣服是挺不错，咱俩一人一件吧。”

“等会儿，”同学却拉住了他，笑着对老板说，“现在是节假日，商场应该有折扣吧！”

“有，有，买两件打九折，很划算的，来两件吗？”老板笑道。

“我们再看看。”同学说着，就带着刘君耀去了另一家店。

“为什么不买啊，两件九折呢。”刘君耀说。

同学看了他一眼，对他说：“这叫货比三家，比较好之后，我们才能清楚地知道这件T恤的价位，然后才能和老板讲价啊。其他店里肯定也有一样的T恤，我们去看看。”

刘君耀目瞪口呆地听着同学讲着关于讨价还价的“长篇大论”，心里暗暗佩服。最后，他们来到三层的一家店铺，经过一番讨价还价后，终于用80元把一件一模一样的T恤买了下来。

☆☆☆

故事中刘君耀的同学就是个“会花钱”的男生。他看中商品之后并不急于购买，而是“货比三家”，既要“货比三家”又要砍价，最后才决定购买。在这样的过程中既能为自己节省开支，也能为自己积累购物消费的经验，一举两得。

每个人从一出生就在消费。“花钱”的行为更是贯穿我们生活的方方面面。如何做一个“会花钱”的男生呢？

首先，可以向有经验的人学习。家里负责采购的通常是妈妈，男孩跟着妈妈出去购物时不要只顾着买自己想要的东西，而要多留心妈妈是如何选择商品的，又是如何砍价的，将这些“技能”留心观察后尝试模仿，多多练习几次之后，就能总结出经验了。

其次，要大胆尝试。很多男孩不敢砍价的主要原因是胆怯、羞涩，甚至会如上文故事中的杨帆一样，有“砍价掉自己价”的错误想法，但其实这些都是自己的心理误区。只要保持平常心态，正确对待即可。

最后，要树立正确的消费观，不盲目花钱，也不盲目省钱，一定要将钱花在该花的地方上。会花钱的终极目的不是省钱，而是让钱用得有所值，让自己的生活品质能够得到提高，这才是会花钱的意义。

会花钱还要会管钱

如果说花钱是一种能力，那么每个人都具备这种能力，区别只在于能力的强弱。而管钱却是一种非常重要且并非人人与生俱来的能力。因为每个人对待金钱的态度不同，所以管理金钱的方式更不同。如果说花钱能够体现一个人的财商，那么管钱则是财商高低的体现。

管理金钱的能力将会伴随一个人的一生，也会直接影响一个人的生活品质，在许多人生的重要时刻能够起到非常关键的作用。作为一个男孩，更要具备较强的金钱管理能力，这样才能在步入社会后有效管理自己的财产，从而做到有备无患。

☆☆☆

初中生文文一年前就开始拿零花钱为自己买衣物、文具了，他很享受购买的乐趣，经常能用较低的价格买到质量好的物品。

享受到购物的乐趣后，文文便一发不可收拾，每次出门都要带点钱，看到书想买，看到文具也想买，买来买去，文文的零花钱竟然不够用了。

“哎，难道我以后要出门不带钱，不买东西了？”他向同学抱怨。

“你买了太多的东西了，”同学指着他的书包说道，“你看看，你书包里装了两个笔袋，每个笔袋都装得满满的，里面全是没用过的文具，你需要这么多文具吗？买来没用，这是浪费。”

“可是父母给的钱不就是用来买东西的吗？我如果不买东西，那钱花不出去怎么办？”

“花不出去就存起来啊，会花钱难道你还不会管钱？”同学笑道。

文文摇摇头说：“我还真不知道怎么管钱，钱难道不是用来花的吗？”

☆☆☆

故事中的文文从“花钱”中体会到乐趣，却“一发不可收拾”，他认为钱就是用来“花”的，却不知道钱还可以用来“管”。当然这种想法是不正确的，但是这样的想法却在很多青少年身上都或多或少地存在。如果说男孩都如故事中的文文一般只知道花钱而不知道管钱，那么有再多的金钱也可能于事无补，他的生活终将陷入一团混乱。而从小善于管理金钱的孩子，必定能够为自己将来的生活带来极大的便利。

☆☆☆

下课后，李建见同桌拿着一个小本子在上面写写画画，感到很奇怪，难道老师留了什么作业吗？可他听课很认真，并没有听到老师留作业啊。

“你在写什么？老师没有留作业啊！”他问。

“我在记账，管理我的小金库呢。”同桌嘿嘿笑道：“看，上个月我又存钱了，再这样下去，一年我能存不少钱呢。”

“管理小金库？有钱就花啊，存起来做什么？”

“谁说有钱就花，该花的花，不该花的当然要存起来，好好管理。”同桌告诉他：“这是我爸爸教我的，他说他小时候就是这样存钱的，并且用自己存的钱买了一辆自行车呢。那时候的自行车很贵的。”

“真的吗？你爸爸真能干。”李建羡慕道，“你能教教我吗？我想要一台电脑，可是我父母说我还小，不给我买，如果我自己存钱去买，他们肯定也没反对的理由了。”

“好啊，想要存钱，得学会管钱，每天零花钱多少，花了多少，剩了多少，你都要记下来，隔几天做一次总结，看看自己哪些钱不该花，哪些钱可以避免浪费，下一次把这些不应该产生的花销努力消除，就能存下钱了啊。”

“真棒，我也要开始管钱啦！”李建兴冲冲地跑到小卖部买了一个漂亮的记账本。

☆☆☆

故事中李建的同桌就是个非常聪明的男孩。他用最“古老”也是最有效的方式——记账来管理自己的“小金库”。这其实是个非常好的习惯，能够非常直观地看到自己的消费情况。正如故事中的男孩所说，记完账之后还要分析总结，将不必要的支出在以后节省下来，慢慢地就能够有效管理金钱了，做到节约、支出两不误。不过记账一定要有毅力和耐心，要长期坚持，并勤于分析总结，这样才能发挥账本的最大作用。

除了记账之外，还有很多管理金钱的方式。比如储蓄就是一个非常保险而且还有收益的方式。男孩可以让父母帮自己到银行开一个账户，将自己的零用钱节省下来存入银行，定期还能结算利息，这是常见的理财方式之一。此外，日常还可以准备一个存钱罐，将零钱存入其中，或者每天定量存入一部分钱，比如一天一元，慢慢地积少成多，储蓄的好处便能体现出来。此外，男孩要做到自己的金钱自己动手管理，不要总是依赖于父母，而是要学会自己计算支出和存储，慢慢地自己掌握“管钱”的诀窍，总结出适合自己的、最有效的管理金钱的方式。

物质攀比，让男孩费财又费心

攀比之心也是人的不满足之心，在某种程度上会成为一个人努力和前进的动力。但是攀比之心如果只存在于物质之上，就会显得十分肤浅且容易被其左右。如果一个男孩被攀比之心所左右，不惜费财又费心，就得不偿失了。

☆☆☆

男孩小爽今年刚上初中，但他在新的学校并没有感受到快乐，反而有很多糟心事。比如，同学A买了一个新书包，是品牌的；同学B刚买了一套足球服，也是品牌的；同学C昨天和父母去吃了一顿大餐，是在高档饭店……

每天小爽都能听到同学们交流购买“奢侈品”的心得，但他生活在一般家庭，很少能够接触他们说的那些东西，也因此和同学们少了很多共同语言，渐渐的他觉得自己被整个班级“孤立”了。

有一天，小爽拿着一本杂志回到家，对妈妈说：“妈妈，我的书包坏了，我要买个新书包。”

“行啊，明天让你爸爸给你买一个新的。”妈妈点头同意了。

但小爽却把杂志递过去说：“我不要以前的那种书包，我要这个牌子的书包。”

“不就是一个书包吗？妈妈看看，你想要什么样的？”妈妈接过杂志一看，被上面的价格吓了一跳：“怎么一个书包这么贵，你以前的书包不是挺好的吗？还买那种的吧。”

“我不要，同学们背的都是这个牌子的，只有我背着一个破书包，连牌子都没有，会被笑话的。”小爽不高兴地说道。

妈妈却摇头说：“不行，太贵了，明天让你爸爸给你买个新的，书包就是用来装书的，能用就行。”

“不要，我就要这个牌子的，其他书包我不要。”小爽撇着嘴说完，就跑回了自己的房间。

☆☆☆

故事中的小爽因为看到同学们的“奢侈品”而深感自卑，进而生出“攀比”之心。为了满足自己的虚荣心，他甚至要求妈妈给自己买一个价格明显超过家庭承受能力范围的书包。这样的做法是不可取的。

每个人都会或多或少地喜欢昂贵的“奢侈品”，或因为它们质量上乘，或因为它们造型别致。有的人将其当作身份的标志，认为一件昂贵的物品可以突出一个人的身份之高贵、实力之强大，或许这样的想法有一定的可信度，但是一个人身份的高低贵贱和能力的强弱之分绝对不是一个包、一双鞋、一件衣服能够轻易代表的。所以，男孩要有正确的心态来对待物质，认识到所有的物质都是为人类的生活而服务的，不能被物质左右而成为物质的奴隶。

☆☆☆

有一个男人，总是帮助那些需要帮助的人。但是他自己也只是一个小职员，每个月还要养家糊口，对于他这种行为，男人的儿子十分不满。

有一次，男人又把工资拿去救济别人，儿子知道后就抱怨道："为什么爸爸总要拿自己家的钱帮助别人呢？我也想要很多东西，同学们都有崭新的衣服、漂亮的文具，爸爸为什么不把钱用来给我买这些东西呢？"

男人笑道："你的衣服虽然不是崭新的，文具不是最漂亮的，但是你有吃有穿，什么都不缺，为什么要和那些人攀比呢？你看那些穷人，他们连饭都吃不起呢！"

儿子还是不理解。

于是，男人继续说道："孩子，物质攀比只会让你花费更多的财物，还会让你的心情浮躁，生活中还有许多东西是比金钱更重要的。所以，你没必要这么看重金钱，也不要和他人攀比，努力生活，会让你拥有比他们更多的东西和幸福。"

儿子这才似懂非懂地点点头。

☆☆☆

故事中孩子的爸爸是一个非常平凡却又非常伟大的人。他的生活并不十分优渥，但却能够尽自己所能帮助别人。虽然他没有用多昂贵的奢侈品，但是他却是个精神上无比富足的人。因为他的人生没有被物质所左右，他没有因为物质而失去自我、失去内心的追求。幸福生活的来源除了极大的物质财富外，还有许多东西值得我们付出。比如帮助别人会给我们带来非常大的快乐，善待小动物会让我们的人生充满惊喜和闪光点，这些幸福其实都是用物质无法衡量和交换的。

所以，作为男孩，首先，没有必要在物质上过于计较。古语有云："君子食无求饱，居无求安。"只要能够保证我们的基本生活，不超过家庭和自己承受的范围，那么在物质追求上舒适、实用以及实惠就是最好的。其次，要保持一颗善于发现自己生活中的美好的心。正是因为看不到自己所拥有的美好，人才会执着于并没有得到的看似美好的东西。但其实每个人的生活都有很多物质无法代替的美好，比如家人的关爱、身体健康、自由等，如果能够发现而且正视、用心感受自己所拥有的美好，那么就不会因为物质欠缺而给自己的生活造成困扰。

第四章

懒惰是成长路上的绊脚石

——男孩要养成勤奋的好习惯

俗话说："书山有路勤为径，学海无涯苦作舟。"可见，勤奋对于一个人的成才和成功具有非常重要的意义。勤奋是一种良好的习惯，能给人以不竭的动力，催人奋进。一个成功的人，不一定聪明、健康、惹人喜欢，但必须足够勤奋。古语有云："勤能补拙。"一个人的勤奋可以弥补诸多先天不足，甚至是成功的决定性因素。因此，男孩要从小养成勤奋的好习惯。

勤奋是成功不可或缺的习惯

俗话说："书山有路勤为径，学海无涯苦作舟。"可见勤奋对于一个人的成才和成功具有非常重要的意义。

勤奋是一种习惯，它是让人保持优秀的不竭动力，也是催人奋进的活力源泉。一个人要想成功，不一定聪明，但必须足够勤奋。古语云："勤能补拙。"一个人的勤奋可以弥补诸多先天不足，甚至成为成功的决定性因素。因此千万不能小看勤奋这个习惯。

☆☆☆

男孩利利是个懒惰的孩子，从小就不喜欢劳动，十三岁的他从没亲手洗过一件自己的脏衣服，就连内衣、袜子也是一脱下来就扔到脏衣篓里，等待别人给他洗干净。

不仅如此，利利的房间也十分脏乱，自己从来不打扫和整理。

有一次，妈妈生气了，就赌气不帮利利收拾房间，利利却不在意，依旧我行我素，就那样穿梭在自己脏乱的房间里。

一个星期后，妈妈实在是忍不住了，帮利利打扫了房间。

爸爸知道后，对利利说："你这个样子怎么能行呢？勤劳是我们的优良传统，也是走向成功之路不可或缺的好习惯啊！"

利利却说："有你们照顾我呢，我再懒也不会沦落到到街边乞讨吧。"

"勤劳是你自己的好习惯，我们的勤劳和你无关。"爸爸也生气了，说完就走了。

利利想不通，只是一个习惯而已，真的有那么重要吗？

☆☆☆

利利显然还没有意识到勤劳对于一个人的重要性。生活中懒惰的他自然也会将这种习惯带到学习和以后的工作中。这对他的成长和成功是没有好处的，甚至会成为他前进道路上最大的阻碍。一个人最大的敌人其实是自己，而自己给自己制造的障碍无非就是自己的惰性。如果能够战胜自己的惰性，那么一个人将会无往而不胜。

☆☆☆

军军今年刚满十岁，却已经会帮家里做很多家务了。从洗衣刷碗，到打扫房间，什么事情都做得又快又好，经常受到别人的夸奖。

这一天放学后，军军带同学回家写作业。

一进家门，军军就帮同学倒了一杯水，还顺手把厨房的卫生打扫了一下。

同学十分吃惊，问他："这是你爸妈让你做的吗？"

"不是，我喜欢做家务。"军军说。

"难道你不觉得累吗？打扫卫生还很脏，你为什么要这么勤快呢？"同学对他的行为十分不理解。

"我在家里什么活也不干，都是爸爸妈妈帮我准备好一切东西呢。"同学说着这些话的时候还很自豪，仿佛在说："看，我的爸妈多爱我，都不让我干活。"

军军却说："我自己有手有脚，为什么不能勤快一点？以后我们长得更大了，难道还要一直依靠父母吗？那不成了'废物'了？"

"你……你才是'废物'呢。"同学听了这话一时无法反驳，气呼呼地跑出了军军家。

☆☆☆

故事中军军的做法非常正确。他从小勤奋，主动帮助父母分担家务，并不将其当成负担，而是一种享受。这体现了他的家庭责任感和自己的勤劳，这两种品质将会使他受益终生。

一个勤奋的人会将生活中所有的困难都变成前进的垫脚石。勤奋的人必是不怕辛苦的，因为在他们眼中只有自己的目标，而忽略荆棘丛生的道路；勤奋的人必是足够刻苦的，因为他们不怕付出得多。为了成功，他们能够忍受任何困苦；为了解决困难，他们甘愿付出一切。

☆☆☆

西汉时期有个孩子叫匡衡。他的父母都是农民，祖上代代都是如此。他虽然出身农家，但却十分喜爱读书。但是贫寒的家境让他无法接受教育，为了生存，他很小就去别人家里做工来维持生计。他白天干活，晚上回家才有时间读书。可是他家穷得连蜡烛都买不起，虽然邻居家灯火通明，但却照不到他家里。为了读书，匡衡想出一个法子，在贴着邻居家的那面墙上凿出一个小洞，这样隔壁的灯光就被“偷”到自己家里来了。借着这点微弱的光，匡衡如饥似渴地学习。这就是成语“凿壁借光”的由来。匡衡勤奋读书的故事更是成为千古美谈。

☆☆☆

匡衡虽然家境贫寒，但并未因此放弃自己，而是勤奋读书，争取改变自己的命运。农民的生活很艰辛，每天都要在田地里忙碌，忙了一天之后，匡衡还要刻苦读书，家里买不起蜡烛，他就“偷”隔壁的灯光看书。凭借这股勤奋劲儿，他终于成为一代名人。匡衡的故事告诉我们，只要有决心、够勤奋，就没有解决不了的难题。

男孩想有一番作为，就要从小养成勤奋努力的良好习惯。勤奋的养成并非一朝一夕之事，需要男孩在日常生活中坚持。首先，男孩要有明确而远大的目标，在目标的激励下，才会更加勤奋刻苦，不断努力前行；其次，男孩还要进行自我监督，提醒自己努力奋斗，即便是遇到一些困难，也不要放弃对勤奋习惯的养成，战胜惰性。如果自己是一个意志力不够坚定的人，那就请父母、朋友或者老师来监督自己，久而久之，就能让勤奋成为习惯，伴随自己终生。

勤奋能补“先天不足”

不得不承认，每个人的先天条件是不一样的。有方仲永那样从小与众不同的天才，也有爱因斯坦这样天生的“笨蛋”。但是方仲永这样天命眷顾的天才最后却落得个“泯然众人矣”的结局，反倒是爱因斯坦这个谁都不看好的“笨蛋”却取得了举世瞩目的成就。究其原因，无非是勤奋与否的区别。

☆☆☆

爱因斯坦小时候很“笨”，他做什么事情都比别人慢一拍，经常有同学议论他，纷纷嘲笑他今天又做了什么蠢事，就连老师都觉得爱因斯坦实在是太笨了，估计这辈子也不会有大成就了，经常对他放任不管。

但爱因斯坦却从不受这些闲言碎语的影响，他承认自己笨，但他也有秘密武器，那就是“勤奋”。爱因斯坦始终相信“勤能补拙”。

有一次，老师布置了一项家庭手工作业，让同学们制作一件拿手的手工作品。

第二天，同学们纷纷拿出了精美的手工作品，只有爱因斯坦交出了一张最普通不过的小板凳，粗糙不堪。

同学们哄堂大笑。

老师皱着眉说道："这可是我见过的最糟糕的东西了。"

爱因斯坦听了没说话，只是又拿出了两张小板凳，这两张小板凳简直糟糕透了，比他刚才交出去的那张还要糟糕。

"你是个勤奋的好孩子。"良久，老师才这样说道。

同学们也对爱因斯坦有了不一样的感观，改变了以前对他的一些不好的看法。

☆☆☆

看似"先天不足"的爱因斯坦用自己的勤奋改变了所有人的看法，他一生发明创造无数，为人类的进步和发展做出了巨大贡献。

而方仲永之所以最后"泯然众人矣"，就是因为他失去了勤奋学习的机会，而是被他的父亲当作炫耀的工具，到处沽名钓誉，赚取利益。而最终方仲永就这样永远地失去了成功的机会。由此可见，勤奋对于一个人的成功是多么重要。即使天赋再高，没有后天的勤奋努力，也会被浪费。即使"先天不足"，但是只要后天够努力，依然可以用勤奋弥补。

☆☆☆

晨晨是个11岁的小男孩，从小就喜欢画画，但并没有这方面的天赋，经常画什么不像什么，被别人嘲笑。

这一天，晨晨刚画完一幅画，拿给同桌看，同桌看后却哈哈大笑道："晨晨，你画的这是什么东西？猪不像猪，狗不像狗的，这是四不像吗？哈哈哈，太好笑了，大家快来看，晨晨又创造了一个新物种。”

随着同桌的大叫，很多同学围了上来，纷纷嘲笑起来。

晨晨的眼睛瞬间湿润了：“难道我真的没有画画的天赋吗？”他很不甘心就这样放弃自己的爱好。

“嘿！你创造了一个新物种耶，真能干。”

这时候，一个欣赏的声音在他耳边响起，晨晨吃惊地抬起头，看到班主任老师站在他的身后。

“老师，我……我真的很喜欢画画，但是我总画不好。”晨晨说。

“没关系，既然喜欢，就多画，画得多了，自然就画好了，比如，再创造一个新的物种？你看，这画上的尾巴很像狗，鼻子很像狗，已经很成功了。”老师笑道。

“真的吗？我多画就能画好？”晨晨激动地问道。

“当然，‘勤能补拙’嘛！”

有了老师的鼓励，晨晨开始更加努力地画画，虽然还是画不好，但他相信，总有一天，他会成功地画出一幅美丽的画作的。

☆☆☆

故事中的晨晨虽然在绘画上并没有什么天赋，但是由于热爱，他依然没有放弃努力。在经过努力之后，他终于慢慢地有了进步。最后在老师的帮助和鼓励下，他也慢慢地更加有信心。相信经过勤奋刻苦，他最终一定能取得好的成绩。

☆☆☆

我国著名戏曲表演艺术家梅兰芳在当初拜师学艺时就被师傅拒绝。师傅说他有一双死鱼眼睛，灰暗、呆滞，根本不是学戏的料，因此不愿意收留他。但是天资不佳的梅兰芳并没有因此而放弃，反而更加坚定了自己学戏的决心。为了改变自己无神的双眼，他喂养了许多鸽子。他每天仰望着天空，双眼紧跟着飞翔的鸽子；他还喂养了许多金鱼，每天俯视着水底，双眼紧跟着游来游去的金鱼。通过这样的方式，他一点点提高自己双眼的灵活度。就这样经过许多年的努力，梅兰芳终于练就了一双清澈如泉水的眼睛，在舞台上的表演含情脉脉，成为一代名家。

☆☆☆

在戏曲表演方面，梅兰芳并没有过人的天资，甚至因为双眼不灵活而被师傅否定。不过他没有自暴自弃，而是通过勤奋苦练来弥补先天的不足，最终，他成为戏曲界的一代艺术大师。

梅兰芳的故事也告诉我们，勤奋对一个人的成功具有重要意义。其实很多名人和成功人士都是如此，他们原本并没有过人的天资，有的人甚至还有很多缺陷，但这丝毫不影响他们的努力，他们把自己的不足作为更加勤奋的理由。因此，一个人无论多么平凡，都不要妄自菲薄，不管身处何种境遇，都要相信自己可以有所成就，因为勤奋努力可以帮助我们弥补先天的不足，助力我们取得成功。

每天都要多做一点

一个人要想一鸣惊人会有很大的困难，但是坚持做好一件事却完全可以。一个人的勤奋并不在乎一天能够完成多少事，而是在于是否每天都能有进步。成功不是一蹴而就的，量变才能促成质变，只有量变积累到一定程度，才能完成质变。事实上，我们只要每天都能比前一天多做一点，积少成多，最终将会取得意想不到的成就。

☆☆☆

男孩文文喜欢音乐，也喜欢弹琴，但他十分懒惰，不想从头经历学习钢琴的痛苦和枯燥。所以文文总是想找一个学习钢琴的捷径，以便能更快更好地学会弹琴。

有一次，他听到一首优美的钢琴曲，就跟着音乐声来到了学校的音乐室。里面弹琴的正是他的音乐老师。

他忍不住问老师："弹琴有什么捷径吗？"

"别偷懒，孩子。"老师回答道，"这世界上做什么事都没有捷径，想要成功，每天就要学会多做一点。"

"可是，我不想把所有的时间都花在练琴上，这样太痛苦了。"文文说。

"你不用把所有的时间都用在练琴上啊。"老师笑着说道，"你只要勤奋一点，每天都比前一天多做一点，总会成功的。相反，如果只想不做，那么你将永远都学不会弹琴。"

听了老师的话，文文开始改变自己，只要想做的事情，每天都做一点点，第二天再比昨天多做一点点，这样一点点地积累下来，文文不仅学会了弹琴，而且提高了学习效率，改掉了懒惰的习惯，变得越来越优秀了。

☆☆☆

故事中的男孩文文虽然喜欢音乐，但却十分懒惰，不想付出辛苦。但其实要想在一件事上或者某一个方面取得成功，并不需要每时每刻都为其拼尽全力，而只需要比平常人多一点认真和努力，今天的自己比昨天的自己多一分收获。因此男孩不要把成功想象得太过遥远和艰难，只要做好每一天，在每一天都能有新的收获和进步，就一定能取得成功。

☆☆☆

有位青年想成为有名的画家，就去找一位老前辈。

这位老前辈的画十分出名，一有画作出现，马上就会被抢购。

青年十分倾慕，就向老前辈提问：“为什么您的画那么受欢迎，一摆出来就卖空了，而我的画却卖不出去呢？您肯定有什么秘诀吧，能不能告诉我？”

老前辈摇头说道：“画画并没有秘诀，就是多看、多画！勤奋作画，每天多画一点，为画画多做一点努力。”

青年委屈地说：“只是这样吗？可我画得也不少呀！我每天都会画很多张画呢。”

老前辈笑道：“孩子，从现在开始，你不要画很多张不同的画，每天只画一幅画，每天都多画一点，你就可以做到了。”

每天只画一幅画？每天多画一点？就这么简单吗？青年有些不相信，但还是按照老前辈说的去做了，两年后，他用心画的一幅画竟然在一天之内就卖出去了。

老前辈说的方法果然有效。

☆☆☆

“欲速则不达”，这个故事正好说明了这一点，对于成功而言也是如此。一个人要想取得成功，只追求速度是不可取的。如果将要做的事情、要完成的目标当作一项任务，那么就朝着这个方向努力，每天都比前一天多做一点即可。经过长时间的坚持，这每天多做的“一点”便会凝聚成一股巨大的力量，对一个人的人生也会产生不可估量的影响。

作为男孩，要想取得成就，就要有坚持的毅力，能够认真对待一件事，并且坚持每天多做一点，每天都有新的收获和进步，假以时日，一定能够有所成就。

每天多做一点，需要男孩具有发现的眼睛和智慧，能够及时发现自己的不足，找到进步的空间。

有计划地勤奋更容易成功

勤奋毫无疑问是一件好事，但是盲目的勤奋只会导致事倍功半。一个人的勤奋和努力如果能够有目的性、计划性，就犹如大海里航行的船有了灯塔指引航向，变得更加简单易行，成功的概率也就更大。

☆☆☆

一个农场主需要一个犁地的帮手，于是找来了一个年轻人。

他问年轻人："你会犁地吗？"

年轻人摇摇头。

农场主示范了一下，对他说："没关系，我知道你是个勤奋努力的孩子，我相信你会做好的，加油。"

农场主没说错，年轻人是个很勤奋的人，他为了帮农场主做好事情，很勤奋地驾驭着手中的工具，但他还是没有农场主做得好，总是犁歪。

农场主看到后说道："嗨，孩子，你这种犁法是不行的，你都犁歪了，在这样弯曲的犁沟中，玉米会长得很混乱。你应该让你的眼睛盯住田地那边的某样东西，然后以它为目标，朝它前进。大门旁边的那头马正好对着我们，现在把你的犁插入土地中，然后对准它，你就能犁出一条笔直的犁沟了。”

“好的，先生。”年轻人点点头，开始盯着田地旁的马犁了起来。

但半个小时后，当农场主回来时，看到他依旧还是把地犁得弯弯曲曲的。

“嘿，你在干什么？为什么还是这么弯曲？”

“我绝对是按照你告诉我的在做，我笔直地朝那头马走去，可是它却老是在动。”年轻人委屈地说道。

“哦，老天。”农场主十分生气，“难道你就没有自己的计划和目标吗？既然这个目标在移动，你就不会换一个计划进行吗？”

原来还能这样？年轻人恍然大悟。

☆☆☆

故事中的年轻人虽然勤奋努力，但是总是犁不好地。因为他的计划永远没有调整，目标却在不断地移动着。他不能及时跟着自己的目标调整计划，自然永远都不能达到自己的目标。

作为男孩，要想取得成功，除了要坚持自己的目标和理想外，更要能够根据目标的现状调整自己努力的方向，并且根据目标的改变及时调整自己的计划，让自己更加接近成功。

如果说一个人的目标是一座大山，那么每一步的勤奋努力就是攀上这座山峰的台阶。如果一开始这些台阶就没有铺设在正确的方向上，那么即使登山的人再用力，也很难接近山顶。俗话说“磨刀不误砍柴工”，计划正是“磨刀”的过程。“工欲善其事，必先利其器。”一个人要想通过自己的努力取得成功，就一定要对自己所做的事情有个相对完整的规划，如此才能游刃有余地努力。

☆☆☆

有一个小男孩名叫灿灿，今年11岁了。

灿灿从小喜欢画画，为了尽快把画学好，每天都要坚持连续画三四个小时的画。但这样高强度的练习并没有让他有多少进步，还因此大病了一场。

老师知道这件事后，告诉他：“你不能再这样画画了，这样对你不但没有帮助，还会使你失去对画画的热爱。”

“那我应该怎么办？”灿灿也很苦恼，他只是想勤奋努力，尽快学好画画。

“勤奋没有错，但要适宜，不能过于勤奋，还要有计划地进行。”老师说：“其实，你只要每天空出几分钟的时间来练习画画就可以了。当你逐渐适应了这几分钟的时间后，再慢慢地每天多加一两分钟，这样既勤奋练习了，又不会使自己的身体垮掉，还能做更多其他有意义的事情。”

灿灿按照老师说的做了，每天除了画画，还有很多时间可以用来做其他事情，比如踢球、下棋等。

渐渐地，灿灿的画技提高了不少，连他自己都觉得不可思议。他发现有计划的勤奋比盲目勤奋更加有效。

☆☆☆

灿灿虽然热爱画画，但是一开始缺乏正确的方法，没有计划性地盲目努力，实际上只是做了重复性的体力劳动，对提高自己的画技并没有什么实质性的帮助。但是通过老师的指点，灿灿掌握了更加科学和有效的学习方法，不仅使自己有更加充足的时间做其他的事情，而且提高了自己的绘画技术，让自己的勤奋不再白白浪费。

计划性让一个人的努力能够最大限度地发挥出其应有的作用，那么作为男孩，如何做到有计划性地勤奋呢？

首先，要对自己的目标有客观且相对准确的认识。一个人只有知道自己要做什么，才能为之付出努力，不让自己的努力白费。因此，作为男孩，首先要有个相对明确的目标，并且要知道达到目标需要具备哪些条件，向着目标努力，才不会盲目。

其次，要能够根据事态和阶段的变化及时对自己的计划进行调整和优化。俗话说，“计划赶不上变化”，要想达到目的，就要时刻把握自己目标的动向，这样才能真正做到有的放矢，才能更加准确、快速地实现目标。

平衡身心，享受勤奋生活的快乐

勤奋刻苦，看似简单的四个字要想真正做到其实非常不容易。

如果将人生比作一场修行，那么勤奋就是这场修行中通往成功最主要的方式。勤奋的结果也许是美好的，但是这个过程却是非常辛苦的。这其中的滋味，非亲历者不能体会。在勤奋刻苦的过程中，除了毅力，还需要强大的心理，否则，很容易让人心理失衡，给生活带来不良影响。

☆☆☆

本杰明·卡斯坦特被称为法国历史上最具天赋的人之一，十几岁的时候，就以绝世的才华名震法国文坛，但直到生命的最后，他也没有写出一部万古流芳的巨作。

曾经，本杰明·卡斯坦特立志要写出一部巨著，但总觉得时间还多的是，也实在没有耐心和精力去耗费大把的时间去完成这个计划，所以一直勤奋不起来，无法完成这个目标。

年轻的本杰明·卡斯坦特是聪明且自傲的。他能在很短的时间内通读几本书，还能为了生活而书写出一篇篇文字，但没有一篇文字是他呕心沥血之作。

曾有人劝他勤奋一些，多一些创作时间，但他认为享受生活要比一个人冷冷清清地趴在桌子上写作舒服和快乐，总提不起精神去创作。就这样，他既没留下多少作品，也没有真正享受到生活的快乐。

☆☆☆

虽然本杰明·卡斯坦特天赋过人，但是在通往成功的路上他却因为浮躁和贪图享受而迷失了自我，使自己的身心失衡，最终辜负了自己的一身才华。本杰明·卡斯坦特害怕勤奋刻苦的辛苦，虽然有自己的目标，但是不愿意为了目标而付出心血，最后虚度光阴，一事无成。

勤奋刻苦固然是件辛苦的事，但是如果能够乐在其中，学会享受奋斗的过程，能够调节自己的身心，就能帮助自己更好地生活，更好、更快地实现自己的目标。

☆☆☆

肖邦出生于波兰，是历史上具有影响力、十分受欢迎的钢琴作曲家之一。

肖邦从小就喜欢音乐。有一次，家里举办了一场晚会，肖邦的母亲弹钢琴，很多客人和孩子穿着漂亮的衣服，在钢琴的伴奏下跳舞唱歌。

但肖邦却一直盯着母亲弹钢琴的手指看，似乎在记忆母亲手指的每一个动作。

晚会结束后，肖邦的母亲送走了每一位客人，关闭了家里的门窗和灯，正准备回房间睡觉时，却听到了弹钢琴的声音。

声音清脆动听，虽然不是很熟练，但却十分吸引人。

母亲顺着钢琴声来到楼下，发现弹琴的正是小小的肖邦，这太令人惊讶了，更让人感到吃惊的是，肖邦此时弹奏的正是自己晚上弹过的曲子，但自己从没教过他。

母亲惊讶于他的天赋，就问他："你想学钢琴吗？"

"我想学。"

"但是学钢琴很辛苦，你要很勤奋才行。"母亲说。

"我不怕吃苦，我喜欢钢琴，这让我很快乐。"肖邦说。

就这样，母亲为肖邦请来了一位音乐老师，而肖邦也认真地跟着老师学钢琴，一直苦练，并以此为生活乐趣，终于成为世界著名的音乐家。

☆☆☆

肖邦因为喜欢弹钢琴，因此也能够接受学习钢琴过程中的种种辛苦。而这些辛苦，在他眼里也不算辛苦，而是一种乐趣。他享受这些乐趣，因此才能成为世界著名的音乐家。

每一种成功都来之不易，都需要付出巨大的心血。古语有云："天将降大任于斯人也，必先苦其心志，劳其筋骨，饿其体肤，空乏其身，行拂乱其所为。"这段话说明了成功的过程十分艰难，必须忍受常人不能忍受的痛苦。如果在这种痛苦的过程中不善于调节自己的心情和心态，那么必将为这种困苦所左右，导致身心失衡。一个人一旦身心失衡，将会陷入巨大的痛苦和茫然中，也会不再有心力勤奋努力，最终导致失败。

作为男孩，在奋斗的过程中更要学会调节自己的身心，时刻保持自己的身心平衡，这样才能更好地生活，最后取得成功。

那么如何保持自己的身心平衡呢?

首先，要正确认识奋斗过程中的艰辛。奋斗的过程或许辛苦，但是所有的辛苦都是为了自己的目标。因此即使面对困难，生活应该也是充实的、有意义的，在这样充实且有意义的过程中，每一天都是充满斗志的，生活也不会变得无趣。其次，要学会排解自己的情绪。在辛苦中每个人都会产生沮丧、痛苦甚至懈怠的心情，这是正常的。男孩也不例外，因此不要过分苛责自己。正确的做法是学会调节自己的情绪，例如参加体育运动、娱乐项目等。

第五章

自立才能步入社会

——男孩要养成独立的好习惯

一个独立的人才称得上是完整的人。作为男孩，如果没有自立的能力，就无法在社会上立足。自立是一个人安身立命的根本，也是检验一个人生存能力的标准之一。自立，可以让男孩迅速成长与成熟，让其充满责任感。因为一个人只有学会照顾自己，才能承担起照顾别人的责任。所以，男孩想成功、成才，就要先学会自立，养成独立的好习惯。

自立能力是生存的根本

一个独立的人才称得上是完整的人。作为男孩，如果没有自立的能力，就无法在社会上立足。自立是一个人安身立命之根本，也是检验一个人生存能力的标准之一。

自立，可以让男孩迅速成长与成熟，减少对别人的依赖，同时也让男孩更加具有责任感。因为只有当一个人学会照顾自己，才能承担起照顾别人的责任。

自立也让男孩更加自信。只有自立的人才能承担起人生的责任，在独立解决问题的过程中能够慢慢地增加男孩的自信，使之更加自立。两者相辅相成、相得益彰，共同成就男孩的精彩人生。

☆☆☆

体育课上，天天正在和同学们一起跑步。但是他跑得并不专心，一边跑一边和旁边的同学说说闹闹，不一会儿就打成了一团。

“前面的同学，跑步认真点，不要打闹，受伤了怎么办？”体育老师看到后大声在后面喊道。

“嘿嘿，被批评了。”天天吐吐舌头，认真地跑起来，不过只认真了一会儿，就又和周围的同学闹了起来。

“男同学真淘气。”体育老师无奈地叹了口气。

“别闹了，老师快发火了。”有同学小声对天天说。

天天不听，“怕什么，体育课就是用来玩的嘛！”

第一圈安全地跑完了，跑第二圈时因为打闹，天天不小心撞到了旁边的同学，两个人摔倒在地上。

天天的膝盖擦破了皮，流了点血。

看到出血了，刚才还调皮捣蛋的天天竟然“哇”的一声哭了出来，而且怎么也不肯从地上爬起来。

“我要妈妈，我要妈妈扶我起来，我受伤了，哇……”天天大哭道。

同学们目瞪口呆地看着天天，不知如何是好。

体育老师听到这边的动静赶紧跑了过来，了解情况后哭笑不得地走到了天天身边，对他说：“小小男子汉摔倒了就爬起来，哭什么哭！快起来，去医务室清理一下伤口。”

“不要，从小到大我摔倒了都是妈妈扶我起来的，我腿很疼，动不了。”天天这时候还不忘记顶嘴。

旁边另一个小男生听到他的话后说：“你妈妈为什么要扶你起来呢？我从小摔倒了都是自己爬起来，妈妈还夸我自强自立，是个小男子汉呢！”

“你妈妈真狠心，为什么不来扶你？”天天抹着泪问。

“因为妈妈说男孩子就要养成独立的好习惯，做什么事都要自强自立，不能哭哭啼啼的，这样才能拥有自立的能力，以后才能独自在这个社会上生存呢！”

“说得好，男子汉就要这样，只是摔了一跤，爬起来又是一条好汉，快起来！”体育老师说道。

同学们被老师的话逗乐了，天天也破涕为笑，不确定地说：“真……真的吗？摔倒了自己爬起来就是独立的男子汉了？”

“当然，这只是自立的第一步。”老师说。

“好，那我不哭了，我要做个自强自立的男子汉。”天天笑道。

☆☆☆

故事中的男孩天天是个非常不自立的男孩。摔倒之后必须要妈妈扶起来，可想而知在他的生活中大部分事情都必须依赖别人才能完成。这样的男孩，何来自立一说呢？步入社会时，他更是许多事情都无法独立完成，也无法承担起对自己和对别人的责任，由此可见，不自立会给男孩的人生带来非常大的不利影响。

☆☆☆

康熙年间，贵州巡抚刘荫枢告老回乡后，一直想回报家乡的他想用自己一生的积蓄修建一座桥。但是这个想法却遭到了孩子们的反对：“您当了一辈子的大官，我们没有沾到一点光，到现在您还是这样不顾及我们。”刘荫枢看到孩子们如此不自立，非常痛心，便教育他们说：“我之所以用全部积蓄修桥，就是想告诉你们，自己的路要自己走，靠谁都不如靠自己。”

刘荫枢用尽一生积蓄，历时五年，修好了“毓秀桥”。为了彻底打消孩子们依赖他的念头，他将毓秀桥以十五两白银的价钱卖给了官府。刘荫枢的行为让他的孩子们深受感动，他们纷纷发奋努力，最后都成为国之栋梁。

☆☆☆

故事中的刘荫枢用一座桥来教育自己的孩子们要自强自立，而不是一味依赖父母。最终他们也感受到父母的良苦用心，学会自立，最终成为国之栋梁。

在生活中不乏完全依赖父母不愿意自立的男孩。但是正如刘荫枢所言：“自己的路要自己走。”那么如何做一个自立的男孩呢？

要自立首先要学会自理。在日常生活中自己能做的事情一定要自己做，而不是事事依赖父母、依靠别人，连自己的起居生活都照顾不了的人，谈何自立呢？其次，要有自己的想法。自立的基础是要有自己独立的思想，只有思想独立，才能有自立的意识，才能慢慢学着自立、走向自立。最后，男孩必须明白自立需要的基础与资本。这些基础包括物质基础、精神基础等。作为青少年，努力奋斗、储备知识就是在为自己日后的自立打下基础，因此不能忽视学习和生活的每一天。只有这样，才能尽早走向自立。

遇到问题时先独立思考

困难最容易检验一个人的能力。

有的人习惯一遇到问题就向别人求助，遇事总要听取别人的意见。小到穿衣吃饭，大到学业工作，似乎没有一件事情是可以完全依靠自己的想法和选择来处理的。有的人习惯一边做着自己的事一边又不自信，当别人给出一点意见时，又马上对自己的选择质疑，非常容易被周围人左右。更严重者甚至对自己的想法充满了否定，在选择面前更愿意随波逐流，人云亦云。

☆☆☆

有一个人，他有一个绝活，那就是无论多么复杂的锁他都能用最快的时间打开，被很多人称为“开锁大师”。

有一天，这个人来到一个小镇表演开锁绝技，人群中有个青年突然问他：“什么锁你都能打开？”

“当然，我从未失过手。”这个人自傲地回答道。

青年笑道："我这里有一把锁，你肯定打不开。"

"不可能，你把锁拿出来，我开给你看。"这个人满脸怒气，伸手向青年要锁。

周围的观众也十分好奇，是什么样的锁这么厉害，连"开锁大师"都打不开呢？

青年说："我这里有一个笼子，我会用我的锁把你锁在笼子里，如果你能在一个小时的时间里打开锁，逃出笼子，我就认输向你道歉。"

"好，如果我逃不出笼子，我就承认我技不如人，并拜你为师。"开锁大师接受了挑战。

青年把开锁大师带进笼子里，在笼门套了一层层的铁链，并把他说的锁锁在铁链上，让开锁大师开。

10分钟过去了，开锁大师没有把锁打开，他用耳朵紧贴着锁，专注地工作着。

20分钟过去了，开锁大师还是没有打开那把锁，他有点着急了。

30分钟过去了，45分钟过去了，直到一个小时后，开锁大师还是没有把锁打开。这个时候，他满头大汗，颓废地瘫坐在笼子里。

"我输了。"过了很久，开锁大师才哑着嗓子说道。

青年点点头，说："是的，你输了，其实你可以赢的，你只要拉一拉铁链，就会发现，这把锁根本没有锁住笼门，你的思绪一直被'锁'在开锁这件事情上，忘记了去思考整件事，你已经失去了独立思考问题的能力，只知道开锁了。"

"开锁大师"恍然大悟，他握住青年的手说："谢谢你，小伙子，不，我输了，按照赌约，你现在是我的师父了，谢谢你！"

☆☆☆

故事中的“开锁大师”被“锁”的问题困住思维，在面对问题时忘了首先要独立思考，看清问题的本质，才能发现解决问题的方法。

独立思考是一种重要的能力。只有学会独立思考的人，才能得到自己的见解和想法，在解决问题时才能有自己的分析和判断。独立思考也是自立的重要表现之一，因为一个人只有思想自立，人格才能自立。因此对于男孩来说，独立思考的能力尤为重要。

☆☆☆

在一条街上开了两家商店，它们一直都是竞争对手，最近一个月，这两家店的老板却握手言和，总是聚在一起谈论事情。

原来，最近总有小偷光顾这条街，两家商店都有不小的损失。

“哎，我现在看到每一个进店的顾客都觉得像小偷，好几次都把顾客盯得发火了，如果再抓不到小偷，我这店恐怕要开不下去了。”第一个商店的老板叹着气说。

第二个商店的老板摇了摇头，面色凝重地说：“其实我一直在想一个问题，小偷每次都只偷店里固定的几种商品，是不是这几种商品比较受欢迎呢？”

“那又如何，还不是被偷了。算了，我走了，再这样下去我只能关门大吉了。”第一个老板垂头丧气地离开了。

第二个商店的老板按照自己的想法，加大了这些被偷商品的进货量，并把它们都放在店里非常显眼的位置。如此一来，不仅商品好卖了，小偷也再难有下手的机会，一段时间以后，店里的人气和销售额有了大幅提升。

☆☆☆

故事中的两个老板面对小偷的频频光顾做出了截然不同的反应。一个垂头丧气，而另一个却从中发现商机，让自己的生意越来越好。这就说明独立思考的能力至关重要。

那么作为男孩，如何做到遇事先独立思考呢？这里有几点建议。

首先，要有独立的判断能力。这种能力基于足够的知识储备和经验积累，因此在生活中男孩要丰富自己的知识与阅历，对生活中的任何事情都要多留意、多思考，提高自己的判断能力。

其次，男孩要有足够的自信。面对问题时敢于思考、敢于质疑，不盲目服从任何人，遇事要先动脑筋思考分析，不管得出的结论正确与否，都是对自己能力的锻炼。

最后，要不怕出错和失败。作为男孩，要知道成长总要经历风雨和失败，因此不要怕自己的想法出错，而要大胆去想、去做，这样才能取得进步，逐渐养成遇事独立思考的习惯。

独立并不意味着不能接受帮助

所谓独立，指的是一个人能够凭借自己的力量解决遇到的问题。但是独立绝不意味着闭门造车，任何事情都完全依靠自己的力量，而丝毫不接受别人的帮助。

人作为社会动物，无法脱离群体而独立存在。人与人之间的相互帮助与和谐相处让人类繁衍至今，并推动社会向着文明一步步发展。生活在社会群体之中的我们更是无法脱离周围人群而独立存在。大到国家建设，小到个人成长，没有一个人仅靠自己的力量就能完成所有的一切。而一个成功的人，更是善于利用别人的帮助和群体力量，使自己更好地成长。

对于男孩来说，在独立自主的同时学会接受别人的帮助，更是一种非常必要的能力。

☆☆☆

有一个小男孩从小独立要强，什么事都要争取做到最好，不喜欢依赖他人或者是接受他人的帮助。

有一次，学校组织去山区游玩，下午的时候天空突然乌云密布，眼看就要下大雨了，但他并没有带伞。

“哪些同学带伞了？班长统计一下带伞的人数，平均分配一下，大家赶紧回车上。”同学们赶紧往车的方向走。

小男孩觉得并不会马上下雨，当班长来问他时，他就说：“我没带伞，我也不需要和他们共撑一把伞。”

“很多同学都带了伞，正好可以两个人一把，一会儿雨下起来我会和你共撑一把伞的。”班长却笑着塞给他一把伞。

小男孩还是拒绝了，他认为对于独立的自己来说，接受他人的帮助是一件很耻辱的事情。

不一会儿，雨果然下起来了，而同学们还没有赶到停车处，大家连忙撑起了伞，但小男孩说什么也不愿意和他人共撑一把伞，坚持要淋雨回车上。

结果，第二天他就感冒发起了烧。

☆☆☆

故事中的男孩坚决不肯接受别人的帮助，结果自己却淋雨患上了感冒。他这种做法其实是不正确的。在需要帮助的时候拒绝了别人的好心，这会引起别人的误解，同时也会给自己带来困难。

独立自主不是完全不需要任何人的帮助。真正独立的人具有团队合作意识，在不能独立完成的事件当中，他们能够善于运用团队合作的力量来完成任务，而不是全凭一己之力“单打独斗”。

☆☆☆

阿南是一名初中一年级的男生，他们班每周都会更新一次黑板报，这周轮到阿南来负责这件事。

平时阿南很喜欢画画，所以这次他决定在黑板报上画一整幅画作，但这项“工程”过于巨大，阿南只有一天的时间，不知道能不能独立完成。

“需要我来帮你吗？我还可以再找两位同学和你一起画板报。”他的好朋友小筠问道。

阿南本来想要答应的，但想到老师曾说过要每个同学独立完成黑板报，这也是锻炼他们独立性的一次好机会，所以阿南就摇头拒绝了，“我自己会做好的。”

之后，阿南就开始为画黑板报做准备，做足准备就开始画画，但画画的过程中遇到了不少困难，阿南咬牙坚持着。

“阿南，我帮你找两个同学一起画吧。”好朋友再一次问道。

阿南摇摇头，说道：“不用，我要独自把这次的黑板报完成。”

之后阿南一直涂涂改改，怎么也画不好，期间不少同学也提出过要帮助他，但他总觉得接受了这些人的帮助就意味着他的失败，怎么也不肯答应。

阿南一直画了很久很久，天色越来越晚，学校里几乎看不到人影时，老师过来找他：“你这次设计的黑板报很有创意，但是任务太重，为什么不找同学帮你呢？”

“我，我要独自完成这次任务。”阿南完不成任务，快哭出来了。

“阿南，老师让你们设计黑板报虽然是为了锻炼你们的独立性，但并不表示不能接受别人的帮助啊。来，老师和你一起画。”说着，老师就挽起袖子，和他一起画起了黑板报，终于在天黑前画好了黑板报。

☆☆☆

故事中的阿南在遇到困难时拒绝了别人的帮助，他对独立的理解同样是不完全的。通过故事，我们可以看到并不是所有的事情都能够凭借自己的力量完成。在必要的时候，每个人都需要别人的帮助。

作为男孩，要有正确的思想意识，不能将独立片面地理解成做任何事情都只能依靠自己的力量，在需要别人帮助的时候要及时开口，向好朋友或者父母、老师求助。作为男孩，一定要具备团队合作精神，这样才能更好地与他人合作，共同完成事情。作为男孩，在别人需要帮助的时候也要积极伸出援手，这样才能在自己遇到困难的时候得到别人的帮助。

培养自己的适应能力，学会独立

物竞天择，适者生存。唯有生命力顽强和适应能力强大的人才能更好地生存，并取得常人无法取得的成功。对于男孩而言，这场“较量”没有办法“逃脱”。唯有让自己的适应能力变强，让自己变得更加强大，才能走得更远、更成功。

没有适应能力的人无法自立。自立需要一个人独立面对生活中的大多数困境，需要能够处理各种问题的能力，也需要强大的心理素质。如果不具备适应能力，就无法应对生活中突如其来的各种变化，也无法采取应对措施。

一个人的适应能力包括很多方面，比如对环境的适应能力、对人际关系处理的适应能力，以及自己内心对生活境遇的适应能力等。人的适应能力并非与生俱来，而要从小慢慢培养。

☆☆☆

小晨身为一个男孩却比女孩还要腼腆，从小适应能力就比较差，最不愿意和人打交道，不上学的日子也只喜欢宅在家里，不愿意出门。

小的时候，每次小晨和父母出门都很别扭和害怕，不仅不会主动和他人打招呼，还总是会往父母身后躲，让父母为他操碎了心。

小晨自己也十分苦恼，但他不知道要怎么改变自己，也没有可以倾诉苦恼的朋友来开导他。升入初中后，很多同学都想找他一起玩儿，可他却十分不情愿，总是一个人在教室的角落里安静地坐着。有时其他同学逗他玩儿，或者要借他的学习用品，他也会不知所措，不知道该怎么应答。

直到一个学期过去，小晨才适应了新的同学和老师，逐渐增加了和同学们的互动。

“你的适应能力太差了，听说初二要重新分班，到时候你怎么办呢？”同桌替他发愁道。

“啊？要重新分班吗？”小晨吓了一跳，苦着脸说道：“那我怎么办？我好不容易习惯和你们在一起学习、玩耍了，要是换个班，都是陌生人，我不知道怎么相处啊。”

“所以我才说你的适应能力差啊，你应该锻炼锻炼，身为男生这么不独立怎么能行呢？”同桌说。

“我……我不知道该怎么独立。”小晨对于独立这个话题，既苦恼又无奈，他也不想像现在这个样子生活。

☆☆☆

故事中的小晨面临的问题，其实大多数人都会在生活中遇到。他适应环境和处理人际关系的能力非常差，以至于换个环境就会变得紧张，需要很长的时间才能适应。这样会给自己的生活造成非常大的困扰。在这种情况下，自己对周围环境的依赖也会大大增强。这对一个人的发展是极其不利的。因此作为男孩，一定要从小注重培养自己的适应能力。

☆☆☆

在一个码头上，一个年轻的小伙子正在努力地工作，操纵着吊车把货物从集装箱上卸下来，由于天气太热，小伙子流了很多汗，他时不时地用一块毛巾擦去脸上的汗水。

“嘿，小洛，下来休息会儿吧，吃点东西喝点水。”工作告一段落后，有工人喊小伙子喝水。

名叫小洛的小伙子笑着应了一声，灵活地跳下吊车来到了休息处。

“听说你家里条件不错，怎么年纪轻轻就出来做这么辛苦的工作了？”工人好奇地问他。

小洛洗了脸，甩着手上的水珠回答道：“我爸爸年轻的时候就吃了不少苦，做过很多工作，这才有了今天的成就。我也想像我爸爸那样，学会独立，所以我每隔一段时间就会体验一种工作，培养我对这个社会的适应能力，这样不管我以后遇到什么样的困难，肯定都不会害怕了。我还想超过我爸爸，做出更大的成就呢！”

“有志向，相信你一定能够成功的。”工人鼓励道。

☆☆☆

故事中的小洛虽然家境优渥，但是他却为了培养自己对工作、对社会的适应能力，每隔一段时间都要体验一种不同的工作和生活，在这个过程中，他又能够结识不同的人，扩展自己的人脉，这对今后的成长会有非常大的帮助。

适应能力对一个社会人来说非常重要。它直接决定了一个人能否在竞争激烈的环境中迅速进入状态，也直接决定着一个人能否胜任一份工作、适应一种环境，因此男孩一定要具有很强的适应能力。

首先，要克服自己的恐惧。很多人适应能力差其实是因为自己对未知环境的恐惧。但是这种恐惧其实是可以被克服的，要大胆迈出“第一步”，做个勇敢的男子汉。

其次，作为男孩，要有足够的自信。因为不自信，才会害怕与陌生人打交道；因为不自信，才会恐惧置身于陌生的环境。如果自己有足够的自信，那么这些问题都将不复存在。最后，要在实践中提高自己的适应能力。适应能力无法从书本中获得，必须经过自己亲身体验与经历，才能逐渐提高。因此，男孩一定要积极参与实践活动，在实践中积累经验，提高自己的适应能力。

自立从提高独立生活能力开始

一个人的自立要从能够独立生活开始。独立生活，指的是一个人能够照顾自己的衣食起居，具备独立生活的基本能力。对于成长中的青少年来说，要学会做一些力所能及的家务，不做“衣来伸手，饭来张口”的“皇帝”。尤其对男孩来说，掌握做饭、洗衣服等基本的生活技能是非常有必要的。我们常说男孩要勇于承担责任，要学会照顾别人。但是一个在生活上连自己都无法照顾的人又怎能照顾别人呢？在生活上都不具备照顾自己、照顾别人的能力的人，又如何能够心理强大，让别人觉得可以信赖、可以依靠呢？

☆☆☆

一只鹦鹉很不开心，虽然它的主人每天都把它喂得饱饱的，风吹不着，雨淋不着，但鹦鹉不喜欢被关在笼子里生活。

有一天，鹦鹉趁主人不注意逃出了笼子，终于和其他鸟儿一样，飞翔在广阔的天空，过上了自由自在的生活。

飞了一整天，鹦鹉感觉肚子饿了，但是不知道去哪里觅食。它飞到一户人家，差点被那家人关起来；它飞到一棵树上，差点被树上的一条蛇吃掉；它又飞到湖边，差点一头栽倒水里淹死。

最后，又饿又累的鹦鹉又飞回了主人的家，吃着主人准备的食物，鹦鹉发誓再也不逃走了，还是笼子里住着安全、舒服。

☆☆☆

故事中的鹦鹉因为习惯了笼子里饭来张口的生活，丧失了独立生存的基本能力，因此再也无法脱离笼子这个虽然限制它自由，却能保障它生活的地方。这对一只鸟来说是非常悲哀的，当然，对人更是。

现在很多男孩就如同笼子中的小鸟一样，物质生活丰富，生活环境优越。在家长的精心照顾下，不少男孩的独立生活能力非常差，这对他们的长期发展很不利。有的男孩在家里从不做家务，对生活方面的事务也避而远之。长此以往，他们也逐渐丧失了独立生活的能力。一旦走出家门，他们的生活就会面临极大的困难与挑战。

☆☆☆

有一个小男孩以优异的成绩被市重点中学录取了，因为中学离家较远，所以男孩决定住校。家人和朋友都为他感到高兴，积极地为他准备各种上学所需要的东西。

开学的日子到了，男孩的父母把他送到寝室，帮他铺好床铺，叠好被褥，又为他打好饭菜，这才依依不舍地离开。

男孩一开始还因为能摆脱父母独立生活而感到兴奋，但只过了一天，男孩就开始想家了。

原来，离开了父母，男孩什么都要自己来做，可他衣服不会洗，床铺不会叠，就连去吃饭都不知道怎么在食堂打饭。

后来，还因为想念父母而整夜睡不着觉，白天又没精神上课，久而久之，男孩病倒了，男孩的父母赶紧来学校探病。

老师对男孩的父母说："如果他还无法适应学校的生活，我们建议不要让他住校了，这样下去，他的身体肯定受不了，可能得休学一段时间。"

听到问题这么严重，男孩和男孩的父母都很后悔，如果他能早早地独立生活，也就不会有这样的问题了。

☆☆☆

故事中的男孩学习成绩虽然优异，但是脱离了父母，自己在生活上却是一塌糊涂。没多久生活上的问题就影响到了他的身体健康，进一步影响到了学习成绩。归根到底，这一切都是他的父母对他的照顾太过“周全”，导致他丧失了独立生活的基本能力。现实生活中这样的案例并非少数，一方面是由于家长的溺爱，另一方面是由于孩子自己没有培养和锻炼独立生活能力的意识。但作为一个男孩，谁都无法避免独自生活，这就需要我们必须具备独立生活的能力。

作为男孩，首先要树立正确的意识。抛弃“男孩不应该干家务”这样的传统且错误的认知，学会做家务是一种技能，一种帮助自己更好生活的技能。因此作为男孩，也要从小注重培养自己的生存能力。

其次，要减少对家长的依赖。作为男孩，尤其是青少年，不能再事事依赖父母，所有的一切都让父母代劳，这对提高自己独立生活的能力并没有好处。独立生活的能力要在实践中锻炼。当父母不在家的时候，尝试自己做饭，自己的衣服自己动手洗干净，帮助父母做家务等，都可以帮助自己提高独立生活的能力。另外，住校的经历也是提高独立生活能力的大好机会。自己独自生活时，更应该学会照顾自己。

此外，作为男孩，也要学会照顾别人。在自己能够独立生活的基础上，适当照顾家人和身边的朋友，这也是自立的重要表现。

第六章

寸金难买寸光阴

——男孩要养成珍惜时间的好习惯

虽说“时间就是金钱”，但一寸金子买不了一寸光阴。如今我们的生活节奏变得越来越快，时间也就变得越来越紧。尤其在学习的过程中，我们总会觉得时间不够用。因此，只有学会利用时间，我们才能把握先机，取得成功。但这一切的前提，就是要养成珍惜时间、节约时间的好习惯，充分利用好每一天，我们的生活才更加充实。

时间是“挤”出来的

“时间就是生命”“时间就是金钱”这些道理令人们的时间观念发生了很大的转变。快节奏的生活似乎让人们总是觉得时间不够用，因此学会利用时间，才能把握先机，取得成功。

作为男孩，要学习和做的事情非常多。因此更要学会利用时间。很多时候，时间并不是由人特意“安排”的，而是挤出来的。一个善于“挤时间”的人总能得到比别人更多的时间，能做更多的事情。

☆☆☆

鲁迅先生一生创作了很多优秀的文学作品。但他小的时候家庭条件并不好，父亲常年卧病在床，经常药不离口，母亲一个人操持家务，非常辛苦。

为了替家人分担一些，鲁迅先生从懂事开始就早起晚睡，不仅要帮忙做一家人的早饭，还帮助母亲照顾生病的父亲，替母亲分担家务。

鲁迅先生把自己的时间安排得满满当当，几乎没有一丁点的空闲时间。他很珍惜每一分每一秒，经常害怕时间会在不经意的时候从身边溜走，所以他从来不参加一些无聊的聚会。他不仅珍惜自己的时间，而且经常劝导他人珍惜时间。

鲁迅先生曾经做过一段时间的教员，对自己的学生总是非常严格，安排的学习任务也很多，学生们为此叫苦连天。

有一次，终于有学生忍不住抱怨道："老师，您安排的学习任务太多了，我们没有那么多时间来完成啊！"

鲁迅一脸严肃地说："时间就像海绵里的水，只要你肯挤，总会有的。"

☆☆☆

"时间就像海绵里的水，只要你肯挤，总会有的"，这句名言正是出自鲁迅先生之口。鲁迅先生一生都在不停地工作，他的著作很多，对我国的文学事业做出了重要贡献。他也曾说过："哪里有什么天才，我只不过是把别人喝咖啡的时间都用在了写作上。"由此可见，只要肯用心"挤时间"，就一定能够有足够的时间去努力奋斗，专心致志于一件事，这样终究会有所成就。

如今的网络时代更是大大方便了我们的生活。在任何时间、任何地点几乎都可以进行阅读和学习。它将我们的时间变得更加"碎片化"，也为我们"挤时间"提供了极大的便利，如果能够将这些碎片化的时间充分利用，就能够取得惊人的成就。

☆☆☆

有一个小男孩一直学不好英语，他问同学怎么才能学好英语，同学说："当然是多看、多听、多说、多练啊。"

"但是我们哪有那么多的时间来多学、多练。"小男孩也想按照同学说的去做，但他每天要做的事情很多，要锻炼身体，照顾自己的饮食起居，根本没有多余的时间来学习英语。

同学告诉他："时间都是挤出来的，你既然想学好英语，就要想办法挤出时间来，否则你永远都学不好英语的。"

"时间是挤出来的？"小男孩若有所思，突然，他想到自己每天都会给自己半个小时的放松时间，这半个小时里，他会吃点点心，喝点奶茶，让自己放松放松，如果他能做点改变，在这半个小时的时间里，放松身心的同时多背几个英语单词，久而久之，就会掌握更多的英语词汇量了。

想到这里，小男孩高兴地跳了起来，大声喊道："我'挤'出时间了，果然，只要'挤一挤'，时间还是有的。"

☆☆☆

故事中的小男孩因为没有时间学习英语而十分苦恼。但是经过同学的"点拨"和自己实践之后他发现，"挤"时间看似很难，其实只要肯用心，就很容易做到。而这挤出来的时间看似不多，却能够积少成多，最终对提高成绩大有帮助。

其实"挤时间"并不难，重要的是一个人的用心程度。那么作为男孩，如何用心"挤时间"呢？

首先，男孩要对自己的生活做出比较明确的时间安排，对自己一天或者近期要做的事情做到成竹在胸，这样才能比较准确地把握自己的时间，也更能了解哪些时间方便被"挤"。

其次，男孩要学会将时间"化整为零"，充分利用每一分空余的时间，不浪费一分一秒。当然，时间变得零碎也就要求男孩的学习能力必须提高，学习必须更加专心、认真，这样才更加方便记忆。此外，男孩也要学会劳逸结合，在该休息的时候一定要"抓紧"时间休息，不能因为过度"挤时间"而影响自己的正常休息和学习，这样就得不偿失了。

列个清单，有计划地做事情

俗话说“磨刀不误砍柴工”，做事情之前学会列清单就好像砍柴之前的“磨刀”，不仅不会耽误时间，还能节省时间，让人做事更加具有计划性和目的性，事半功倍。因此男孩在学习和生活中一定要养成做事列清单的习惯。

做事之前列清单，可以帮助男孩了解要做的事情，从中整理头绪，分清主次，并根据时间、难度等做出合理安排，方便更好、更高效地完成任务。

列清单的方法可以运用在许多地方，例如周末做作业、考试前的复习计划、陪妈妈外出采购，以及制订家人出行计划等。

☆☆☆

多多从小就喜欢看书、写日记，他有一个远大的梦想，就是有朝一日要做一名闻名遐迩的大作家。

但是他不知道应该怎么实现这个梦想，小男孩找到了老师，向他倾诉。

老师笑道：“你的梦想很好，老师支持你。”

“但是，我接下来要做些什么呢？怎么做我才能离梦想更近一步呢？”多多问道。

老师说：“接下来，你应该列个清单，做个计划，你要弄清楚想要实现这个梦想都需要具备什么样的能力和条件，而达成这些能力和条件你又需要做出什么样的努力，把这些都理清楚，列出清单，你就知道现在该做什么，下一步该做什么，整个计划应该是什么样的了。”

“谢谢老师，我知道该怎么做了，我现在就去列清单，做计划。”多多恍然大悟。

老师点点头，说：“很好，不要操之过急，要一步一步来，一个计划一个计划地完成，老师相信，只要你珍惜现在的每一分每一秒，不浪费光阴，总有一天，会实现心中的梦想的。”

“嗯，我知道了，老师。”多多郑重地告别了老师，开始着手准备自己的梦想清单了。

☆☆☆

故事中的男孩多多为了自己的梦想，早早做了计划，在清单上列出了自己需要做的事情，为实现自己的梦想迈出了第一步。列清单让他的梦想更加清晰，也让他的目标更加明确，将一个原本模糊而且宏大的目标变得更加清晰、具体，这样实现目标变成了一件可以循序渐进的事，实施起来也变得更加简单、明确。

☆☆☆

阿诺德·施瓦辛格从小立志要成为一名政界要员。但是，这个目标对于一个贫穷的小孩来说实在困难，但他没有放弃。为此，他还专门制订了一个人生计划，从小事做起，一步一步实现自己的目标。

为了能让自己拥有强健的体魄，在未来有竞争的体力和资本，施瓦辛格计划先成为一名运动员。于是，他走上了健美的道路。每天按照计划进行体育锻炼，每年验收一次锻炼成果，并计划好了他最终想要取得的成绩。一步一步，一个计划接着一个计划，最终，他获得了“欧洲先生”和“宇宙先生”的称号。

但施瓦辛格并没有就此打住，他还记着自己最初的目标，成为政界要员。但健康的身体有了，能支持他的财力却没有。于是他退出了健美界，转战影视圈，通过影视为自己创造更多的财富和群众的支持。当拥有了一定的财富和人气后，施瓦辛格毅然离开了影视圈，开始了进军政界的计划。

功夫不负有心人。最终，他在2003年成功地担任了加利福尼亚州的州长，而且政绩卓著，受到加州人民的爱戴。

☆☆☆

故事中的施瓦辛格是全世界闻名的演员，从政后的他也是成绩斐然。他从小目标远大，为了完成目标，列出了一张详细的清单，并严格按照计划执行。功夫不负有心人，他最终通过实现一个个小目标实现了自己的人生大理想。

列清单能够让一个人的人生目标更加明确，将一个非常宏大的目标化整为零，变成许多个容易实现的小目标，这样一步一个脚印，一步一个目标，自然能够取得成功。列清单还能起到敦促自己的作用。青少年意志不够坚定，难免会有动摇的时候，遇到一些困难，很可能会丧失信心。但是这样一个清单就可以提醒和敦促自己，困难只是暂时的，只要努力，就一定能够实现自己的目标。

作为男孩，要养成为自己的时间和人生列清单的习惯。首先，明确自己要做的事，对其进行分析，然后将其分解，变成一个个小目标。其次，要学会坚持，列清单的意义在于提醒和敦促自己，只有坚持努力才能达成目标。列清单不是目的，实现理想才是目的。所以，男孩不能只列清单而不付诸实践。如果自己是个意志不够坚定的人，就要找父母或朋友来监督自己，帮助自己完成目标。

拒绝外界干扰，专注手头上的事

专注的男孩最可爱。

专注是一种非常重要的品质。俗话说：“世上无难事，只怕有心人。”这句话说的就是专注的力量。一个人要想成功，就必须具有专注的品质。

专注的人愿意在一件事上花费时间和精力。专注让人忽略一切，只专心于自己的目标，才更容易取得成就。

专注是一种力量，它将一个人所有的精力和心思全部集中在一个点上，让事情成功的概率变得更大。

专注的人不会轻易放弃自己的目标，因为他们更加执着；专注的人不会轻易被外界干扰，因为在他们心中，只有自己的目标或者感兴趣的事情。

作为青少年，或许意志不够坚定，或许兴趣爱好比较广泛，尤其是男孩，似乎更容易被外界的新鲜事物所干扰，转移注意力，从而降低做事的效率。需要注意的是，作为男孩，必须提高自己抵御外界诱惑的能力，只有这样，才能专心致志，才能获得成功。

☆☆☆

吴磊做事经常分心，很难集中精神。尤其是上课的时候，一开始他还能认真听讲，但听了一会儿思绪就会不知不觉地跑到其他地方，当回过神来时，老师的知识点早就讲完了，而他只是一知半解，成绩一落千丈。

对于这样的情形，吴磊也十分懊恼，他想改变自己，却不知道该如何改变。有时候他也强制自己专心听讲，但总是坚持不了多久，就又走神了。有时候他会让同桌监督他，每当他走神的时候，就提醒他集中精神听讲，但这种方法也不太见效，同桌总是听课听得入迷，经常忘记提醒他。

“你为什么能集中精神呢？”他好奇地问同桌。

同桌想了想，说：“可能是我刻意培养过自己的注意力吧，有一段时间，我总喜欢一边听歌一边学习，时间一长，我也出现了上课走神的情况，后来我再也不三心二意了，做什么事就专心做什么事，这样刻意锻炼了一段时间后，我的注意力自然提升了不少，做事也就专注了。”

吴磊点头说道：“原来是这样，看来，我也要培养一下自己的专注力了。”

☆☆☆

故事中的吴磊就是个做事情容易被干扰、无法集中注意力的男孩。因为无法集中精神，他上课总是走神，成绩也是一落千丈。而他的同桌却是个非常专注的人，学习成绩也一直很不错。由此可见，专注的力量对学习成绩的影响更是立竿见影。

几乎每个学生都听过老师和家长不厌其烦地说着：“上课认真听讲，集中注意力！”专注对于学习成绩来说是非常关键的因素。

其实不仅仅是学习成绩，专注的精神更是取得事业和人生成功的关键。

☆☆☆

拿破仑·希尔是著名的励志书籍作家，也是世界上最早的现代成功学大师，他的一生做出了很多成就，也影响了很多人。

他的成功，与他做事专注、不分心有很大的关系，而年轻时候的拿破仑·希尔并没有多少专注精神。

有一天，拿破仑·希尔去找盖茨博士，结果无功而返，助理告诉他："盖茨博士正在静坐冥想。"

拿破仑·希尔非常好奇，几天后，当他再来找盖茨博士的时候，就问他："你为什么要静坐冥想呢？"

盖茨博士说："当我遇到难题时，脑子里会很乱，为了不让我做事分心，我就会把自己关进这间屋子，关上房门和灯，在漆黑的空间里集中心神思索，避免外界事物对我的干扰。这就是可以集中注意力的静坐冥想法。而且，在专心思考的过程中，会有很多灵感突然出现，我都会立即开灯，拿笔记下来。"

"原来如此。"回去后，拿破仑·希尔也开始尝试盖茨博士的方法，慢慢地培养自己的专注力，逐渐养成了做事专注的习惯。

☆☆☆

故事中的盖茨博士善于用冥想的方式让自己集中注意力，专注思考。他的方式启发了拿破仑·希尔，让原本不是非常专注的他也开始学着专心于一件事，最终成为著名的作家。由此可以看出，专注是事业成功的重要力量。

作为男孩，如何拒绝外界的干扰，做一个专注的人呢？这里有几点建议。

首先，要找到自己的兴趣所在。兴趣是最好的老师，也是保持专注的动力。一个人只有对自己感兴趣的事物才有足够的专注力，因此作为男孩一定要找到自己的兴趣所在。

其次，做事不能三心二意。让自己在一个时间段里只做一件事。

试想如果边做作业边看电视，一心二用，肯定会受到很大的干扰。

最后，要保持清醒与理智。男孩在做事的时候一定要非常清楚自己所做的事，对其具体内容、意义等都要有把握，做到成竹在胸，并及时回顾和整理自己的思路，这样才能保持专注，避免被其他不重要的事情干扰。

用小技巧助力自己节省时间

常言道，时间是挤出来的，但其实时间也可以“省”出来。

看似忙碌的一天，实际上并不是每分钟都得到了充分的利用。每个人都会浪费掉自己的一部分时间，如果我们能够将这部分浪费的时间节省出来，就可以获得一部分时间来完成自己的目标。

节省时间还可以依靠许多实用的小技巧，在生活中只要我们开动脑筋，就一定能够根据自己的特点找到许多适合自己的节省时间的方法。

☆☆☆

暑假期间，阿国每天晚上看电视看到十一点多，早上一直赖床赖到快中午才起来。一个假期过去了一大半，他不仅浪费了大把的时间，而且一点作业都没有写。

这一天晚上已经十点半了，阿国还在看电视，爸爸走过来对他说：“这个假期你每天都在浪费时间，从明天开始，你不能再这样继续下去了，晚上不准再看电视。”

阿国马上抗议起来：“我过几天为自己的时间做个规划，这两天你就继续让我看电视吧，有个电视剧马上就大结局了，不看完我觉都睡不着的。”

爸爸摇摇头说：“你这样荒废时间真的很过分，以后你不仅不能看电视，而且要早睡早起，为自己的时间做一个节省计划。”

“好吧。”爸爸的态度很坚决，阿国不得不回房间睡觉。

第二天一大早，爸爸就把他叫了起来，盯着他做时间安排，阿国苦恼地坐在书桌前，实在不知道该怎么做时间计划，又该如何节省时间。

最后爸爸叹了口气说：“算了，一步一步来吧。其实，每天早睡早起，也算是节省时间的一个小技巧，你先从这个目标做起吧。”

“哦，好的，爸爸。”从那以后，阿国每天都准时睡觉，按时起床，果然觉得每一天不用节省就有很多时间。

☆☆☆

故事中的阿国对自己的时间没有任何规划，因此做事难免有些手忙脚乱，时间也在他的手忙脚乱中被浪费掉了许多。爸爸敦促他做时间计划表，利用这样的方式来提醒阿国要有时间观念，不能浪费时间。这样的做法是有效果的，阿国的一天渐渐就“多出了”一些时间。

其实，很多时候有的人浪费掉时间并不是由于自己做事慢，而是因为他们没有时间观念，总是事到临头才想起，慌慌张张肯定又要耽误时间，还降低了效率。因此作为男孩，一定要培养自己的时间观念，这样才能为自己节省时间。

☆☆☆

张勇是个热爱学习的初中生，但他总觉得时间不够用，不管他想什么方法都不能节省多一点的时间。

“同桌，你是怎么节省时间的？我每天都使劲地‘挤’时间，可时间还是不够用，我恨不得连吃饭的时间都省掉呢！”张勇实在很苦恼，忍不住向同桌取经。

同桌神秘一笑，说道：“我节省时间可是有小技巧的，而且，你每天都能见到啊！”

“技巧？什么技巧？我每天也没见你做什么特殊的举动啊？”张勇疑惑道。

“就是这个啊。”同桌拿起他每天都会放在桌上的一个闹钟，笑道：“我不管走到哪里，都会带着一个闹钟，有重要的事情就会定闹铃，提醒我自己，就算没有重要的事情，我看到闹钟的时候，同样会看到上面的时间，借此提醒我珍惜时间，节约每一分每一秒。”

“原来还可以这样做，我也要买一个闹钟去。”张勇兴奋地喊道。

☆☆☆

故事中的张勇是个“时间总是不够用”的男孩。但是他的同桌却利用一个小闹钟随时随地提醒自己不要浪费时间。在闹钟的敦促下，他的时间很少被浪费。

在生活中可以节省时间的地方有很多，只要用心观察就一定能够找到许多小技巧。比如随身携带一个小便签本，将自己要做的事情记录下来，不用太过详细，只要能唤醒自己的记忆即可。这样便不会发生遗忘的情况，也不会耽误时间。

在做任何事情之前给自己限定一个时间，例如做一张试卷，限定自己在一个小时或者两个小时之内做完，而不是任由自己拖延下去，这样可以提高自己的效率，节省时间。

当遇到自己不能独立完成的事时，要尽早寻求帮助，通过别人的建议来帮助自己解决，而不是闭门造车，在毫无意义的等待中浪费时间。

对自己每一天要做的主要事情都能有相对详细和清晰的规划，按照计划一步步进行，这样既可以避免手忙脚乱，又能够节约时间。

每个人的生活情况都不尽相同，因此节省时间的技巧也要根据自身的情况来具体分析、具体对待，只要自己方便、习惯，那么任何小技巧都是可以的。当然，自己总结出来的技巧还可以和朋友经常分享，帮助大家共同进步。

优秀男孩要懂的作休方法

男孩天生好动、贪玩，但忙碌的学习和生活让大家失去大量游戏、放松的时间，所以不少男孩都抱怨“太累了”“压力太大了”。不过有的男孩表示，“我过得很轻松，甚至有点无聊”，因为他们把大量的时间用来休息、玩耍，很少花时间去学习。当然，这两种状态都不正确。生活讲究劳逸结合，这虽是老生常谈，但并非所有的男孩能做到这一点。

☆☆☆

上初中后，杜佳明如愿以偿地住校了，“终于可以摆脱父母的‘监视’了，真爽！”可是，初中的生活节奏远比小学要紧凑得多，杜佳明觉得自己每天都有上不完的课、写不完的作业，不胜其烦。为了能够完成老师布置的作业，每天晚自习结束之后，他都要把作业带回寝室继续写，经常熬到半夜才睡。

晚上睡得晚，早晨当然起不来。第二天一早，杜佳明被舍友强行拉起来，胡乱洗漱后就去上课了。由于睡眠不足，他几乎每节课都在打瞌睡。如此熬了两年多后，他发现自己的身体出了问题，每次感冒都要花很长时间才能痊愈。

一次，他又得了一场感冒。中考在即，老师让他去医院做一下检查，有针对性地提高身体素质，别因为身体影响考试。

检查结束后，医生说："你的免疫力比较低，这可不是初中生应该有的体质，是不是经常熬夜？"

"对，作业很多，我经常写到很晚。"

"要安排好自己的作息时间，保证足够的睡眠，否则会影响学习和身体健康的。"医生叮嘱道。

杜佳明点点头，心里很烦躁，不知道多久才能把身体调理好。

☆☆☆

故事中的杜佳明没有安排好作息时间，经常熬夜写作业，把身体都熬坏了。长期熬夜会使身体过度劳累，从而导致神经系统功能紊乱、内分泌失调、免疫力下降等。所以即便学习时间很紧，也要尽早睡觉，养成早睡早起的习惯。对于中学生，每天的睡眠时间应不少于8个小时。

除了早睡早起，还要养成午间休息的习惯。午睡重在质量，而非时间长短，一次高质量的午睡，足以减轻压力，提高学习效率。据相关研究表明，午睡30分钟给身体带来的轻松感，胜过晚上2个小时的睡眠。

有的男孩自制力较差，在学习和生活中经常信马由缰，作息时间毫无规律可言，这样会严重影响学习和生活质量。有的男孩养成了规律的作息习惯，白天认真学习、开心玩耍，晚上很早就上床睡觉，而且睡眠质量很好，第二天精神抖擞。这种作息习惯无论是对学习还是生活，都有很大益处。所以，合理安排作息时间、养成良好的作息习惯十分重要。

☆☆☆

康德是德国古典哲学的创始人，也是出色的天文学家，他的卓越成就，在很大程度上要归功于规律的作息习惯。康德每天凌晨4点45分起床，他一再叮嘱自己的仆人："无论发生什么事，你必须让我在这个时间起床。"然后花15分钟进行洗漱，到5点钟时坐下来喝茶、备课。等到7点钟，他会准时走入课堂给学生们上课。2个小时后，结束上午的课程，他会在办公室写作3个多小时，他的批判理论都是在每天的这个时间段完成的。

中午12点45分左右，他会如常待客，并与大家共进午餐，讨论各种学术话题。到下午4点，他会一如既往地出门散步，时间为1个小时。他非常准时，据说当地居民一见他出门就会校准自己的手表。有一次，康德沉迷于卢梭的《爱弥儿》一书，把散步的事情忘记了。当教堂敲响下午4点的钟声时，市民们都认为是教堂搞错了时间。

从下午5点至晚上10点，康德都会待在书房里看书，然后结束一天的工作，上床睡觉。他的仆人说："一到10点钟先生就会立马上床睡觉，而且入睡很快，已经成为一种习惯。"

☆☆☆

康德的作息时间十分规律，帮助他实现了很大的成就，但是每个人的生活不尽相同，所以并非每个人都应该模仿他的作息时间。

合理安排作息并不难，只要根据自身的需求，制订一个合理的时间表，并严格遵循，坚持一段时间后，就能养成良好的作息习惯，从而提高学习效率。对正处于中学阶段的男孩而言，什么样的作息习惯才算合理呢?

首先，作息时间应该符合自己的实际情况。规律作息是为了好好生活、高效学习，而不是为难自己，所以作息时间一定要适应自己的生活和学习需求。

其次，要根据自己的生物钟安排作息时间。每个人都有自己的生物钟，它能调节身体的各种活动，在生活、学习中扮演着很重要的角色。按照生物钟制订时间表，更容易实现高效学习、快乐生活的目的。

再次，要尽量把所有的时间都纳入作息时间表内。一天有24个小时，要想充分利用这些时间，就要把它们都纳入时间表内，严格执行。睡眠时间、休息时间、娱乐时间、学习时间等，要综合分配，而且应把大量零碎时间利用起来，让其发挥更大的价值。我们利用大块时间学习时，往往会产生疲劳的感觉，但是如果利用零碎时间来学习，例如散步时记忆一些公式、单词等，学习效果会更好。

此外，安排作息时间要讲究先紧后松，尽量提前完成学习任务。比如有1个小时的时间，我们就应该要求自己在半个小时左右把任务完成，而剩余的时间可以用来休息，或者解决一些临时的事情。有了这种时间限制后，我们的学习效率也会有所提高。反之，倘若把时间安排得很松散，我们就会发现，时间根本不够用。

最后，假期也要有合理的时间安排，不能完全放任自己。睡眠、学习和娱乐时间可以做小幅度的调整，但要充分利用起来，让自己过得充实而快乐。不能等开学时，发现自己整个假期都在尽情地放松，还有大量作业没有完成，或者时间安排不合理，完全没有放松的机会。总之，合理安排作息时间，养成良好的作息习惯，更有利于高效学习，让男孩过得既充实又愉悦。

第七章

礼貌是人类共处的金钥匙

——男孩要养成讲文明懂礼貌的好习惯

中国是礼仪之邦，自古以来就非常重视文明礼貌，孔融让梨、程门立雪等礼仪故事至今依然被大家传唱着。礼貌是人类共处的金钥匙，能够拉近我们与他人的距离；礼貌也是一个人的基本素质，其一言一行都体现了个人的教育和文化素养。一个懂礼貌的人，更容易受到他人的尊敬和喜爱。所以，男孩要从小养成讲文明、懂礼貌的好习惯。

日常礼节，男孩不能少

要想处理好复杂的人际关系，并从其中感受到无尽的乐趣，男孩就要懂得一些基本的日常礼节，养成懂礼貌的好习惯。一个讲文明、懂礼貌的男孩，总能创造出和谐的交往环境，从而建立、扩大并完善自己的朋友圈。

☆☆☆

“儿子，明天我的一个同事结婚，你一个人在家我不放心，所以你得和我一起去。”妈妈对杨洋说。

“知道了，有大餐吃，不去白不去。”杨洋无所谓地说。

“婚礼上，你说话、做事注意点，别给我丢脸。”妈妈提醒道。

“好啦，我知道了！真啰唆！”杨洋不耐烦地说。

第二天，一走进婚礼现场，杨洋就谁也不顾地往餐桌旁一坐，拿起筷子等着开饭。妈妈尴尬地看了看他，说：“你这孩子，怎么不先和长辈打声招呼？”

杨洋这才不情愿地抬起头，坐在座位上说：“叔叔阿姨好。”几位长辈一笑而过，没把他的无礼放在心上。

很快，婚礼开始了，一对新人踏着红毯缓缓走来，就在大家都看向新郎新娘，并投去祝福的目光时，杨洋小声嘀咕道：“真无聊，还让不让吃饭！”坐在旁边的人瞟了他一眼，心想：“这是谁家的孩子，这么没礼貌！”

餐桌上，杨洋目无旁人，吃得狼吞虎咽，举止很是不雅。妈妈不得不碰碰他的胳膊，小声说：“你慢点吃，没人跟你抢！”

“连吃饭您也要管，我连这点自由都没有啊！”杨洋不高兴地说。

妈妈尴尬极了，却不好在众人面前训斥他，只好压着怒火。好不容易等到宴席散了，一回到家，妈妈就生气地说：“你看看你像什么样子，一点规矩都不懂！平时教你的礼节，都学到哪儿去了？一点中学生的样子都没有，还不如小孩子懂礼貌呢！”

“我就这样！”杨洋根本没意识到自己做错了什么，还理直气壮地和妈妈顶嘴。妈妈一气之下，扣了他一个月的零花钱，还不准他打游戏。

☆☆☆

故事中的杨洋在接人待物和餐桌上都缺乏基本的礼节，惹来身边人的反感，也受到了妈妈的惩罚。由此可见，在日常交往中，男孩想得到他人的好感，必须学习基本的礼节，养成讲礼貌的好习惯。

日常礼节包括居家礼节、交往礼节等。居家礼节的内容很丰富，有日常生活礼节、餐桌礼节、待客礼节、做客礼节等，这些礼节都需要男孩在生活中不断学习和积累。以做客礼节为例，到亲朋好友家做客时，首先要穿戴整洁，也可以带些小礼品，这是对主人的尊重。说话不能大声、粗鲁，要保持文明的谈吐。此外，在没有主人的允许下，不能随意翻动主人家里的物品，即便关系很近，也要事先征得主人同意等。

日常交往礼节就更为丰富了，需要男孩在与人交往的过程中不断摸索和改善，一个精通交往礼节的男孩，会更容易收获他人的尊重和友谊。

日常交往中，男孩一定要遵守时间，不能随意失约。在国际交往中，这是非常重要的礼节。在参加各种活动时，男孩最好按约定时间到达目的地。过早会让对方尴尬，迟到则会让对方觉得失礼。如果因为特殊原因迟到了，一定要向对方表示歉意；倘若不能赴约，要提前通知对方。

此外，一定要尊重他人。尊重是礼貌的基础，没有尊重，任何礼貌和礼仪都无从谈起。尊重是相互的，在日常交往中，男孩想得到他人的尊重，就要先尊重他人，不能以貌取人、嫌贫爱富，也不能自以为是、贬低他人。对待老人、妇女和比自己年幼的儿童，更要表示出尊重，如此更能展示出男孩的绅士风度。

日常交往中，男孩还要遵守社会公德。公德是维护社会秩序的基本准则，需要所有人共同遵守。其内容包括：尊老爱幼、爱护公共财物、讲究公共卫生、遵守公共秩序等。遵守社会公德是一种礼貌修养，但在日常生活中，有的男孩忽略了这一点，经常在公共场合大声说话，破坏公共设施，随地乱扔垃圾等。

日常礼节中，也包括行为举止的礼貌。与人交往时，男孩要注意举止文雅，行事稳重。所谓举止文雅，简言之，就是站有站相、坐有坐相。站立时身体要直，避免驼背、歪头和各种小动作；坐立时要规矩，不摇晃腿，也不跷二郎腿，不随意摆出慵懒的姿势。在公共场所，特别是图书馆、医院、教堂等需要保持安静的地方，更要注意自己的举止。走路时脚步要轻，谈话时声音要低，更不能与同伴打闹、推搡。在一些隆重的场合，例如婚礼现场、演出现场等，还要穿着讲究、举止优雅，展示出男孩应有的素质。

文明讲话，让他人听得舒心

俗话说：“良言一句三冬暖，恶语伤人六月寒。”一声“你好”，能够给身边的人带来好心情；一句“谢谢”，能够拉近彼此的距离；一句“对不起”，可以化解误会和冲突。可见，文明讲话在日常交往中十分重要。但部分男孩有说粗话、脏话的习惯，或者说话方式不恰当，用词不合适，为此得罪不少人，也给自己的生活带来很大困扰。

☆☆☆

程刚说话一向不好听，惹得周围的同学很反感。

一次课间，几个女同学聚在一起谈论新播出的电视剧，对剧中女演员的颜值比较了一番。她们正聊得火热，谁知程刚突然来一句：“有什么可比的，反正都比你们几个好看。”

女同学们见他来了，都嫌弃地走开。其中一位女生说：“你的嘴巴就不能积点德啊，非得把大家都得罪一遍才甘心？”

程刚没理会女同学的讽刺，笑道：“你长得丑是事实，还不让我说啊？”

女同学一听，气呼呼地说：“是，我丑！你长得帅，行了吧！”

“那当然！我们家基因好，我爸就很帅。”说到这儿，程刚突然又加一句：“我知道你为什么这么丑了，因为你长得像你妈妈。”

这位女同学听后，顺手拿起一本书朝他打去，骂道：“你说我丑就算了，还敢说我妈妈，看我不打死你！”

程刚被打疼了，爆出脏话来，见女同学打得越来越用力，便开始还手。周围的同学见状，赶紧围上来把他们拉开。不少同学都指责程刚："你说话这么难听，以后还想不想和大家相处了！"程刚见大家都指责自己，不免有点羞愧。

☆☆☆

故事中的程刚说话不文明，得罪了很多同学，被同学们批评后，也自觉羞愧。人靠衣装，话靠"礼"装，只要文明讲话、礼貌交谈，人与人之间的矛盾和误会就会大大减少。

语言是重要的社交工具，能够让人们互相表达感情、传递信息；语言也能反映一个人的文化素养和道德情操，这就是所谓的"言为心声"。说话是一件最平常不过的事，但有的男孩并没有掌握说话的技巧。在与人交往的过程中，如果男孩可以言之有礼，谈吐文明，无疑会给对方留下好感，十分有益于结交朋友；反之，如果男孩满嘴粗话、恶语伤人，就会令大家反感，从而阻碍男孩的社交活动。

要想与身边的人友好相处，就要养成文明讲话的好习惯。文明讲话，首先要避免不礼貌的语言，例如粗话、脏话等。此外，还要注意避免使用他人忌讳的语言，以免引起误解或者不悦。例如谈到某人去世时，要用"病故"或者"走了"等委婉的说法；在议论他人的外表时，避免出现"肥胖""骨瘦如柴""丑"等词语，要用更委婉的词来代替；与部分人交谈时，还要避免使用晦气的语言。例如广东人喜欢讨口彩，由于数字"4"与"死"字同音，凡是遇到"4"时，大都用"两双"替代。

中国有句古话："君子不失足于人，不失色于人，不失口于人。"文明讲话，还表现在说话要有分寸。但是在日常生活中，有的男孩很难把握分寸。

☆☆☆

运动会结束后，五年级一班举行了一场庆功会，为表现优异的运动员们颁奖。小雷在运动会上表现不佳，没有为班级争得荣誉，正躲在一边难过。

这时，小刚拍了拍他的肩膀，说："怎么，跑了个倒数第一，心里不高兴啊？"

小雷一听，心里更难受了，恨不得找个地缝儿钻进去。旁边的同学见了，提醒小刚说："你怎么'哪壶不开提哪壶'啊！"

看着小雷红红的眼圈，小刚马上意识到自己的错误，连连道歉："对不起，对不起，我不是故意的！"

☆☆☆

故事中的小刚心直口快，说话不把握分寸，结果伤了同学的心。男孩在说话前，要考虑一下这个话题是否能说，如何措辞。特别是在公众场合，如果说话不注意分寸，就很容易伤害对方。说话的分寸其实很好把握，对于他人的成就、荣誉，可以多说一些；反之则尽量不说，或者用婉转的语言代替。

文明讲话，也包括实事求是，切忌大吹大擂。有的男孩喜欢说大话，经常夸大自己或者他人的成就，夸张地讲述一件事情的经过，虽然没有任何恶意，但会让人反感。说大话之所以不礼貌，是因为这种与事实不符的表达，会让对方觉得自己没有受到尊重。

文明讲话，让听者舒心说者放心，是人际交往中必不可少的好习惯之一。文明讲话能够打开他人的心扉，促进人与人之间的思想交流、感情沟通。所以，男孩要增强文明礼貌意识，把握说话的分寸，让文明讲话成为自己的生活习惯。

尊重他人的观点和立场

美国著名人际关系学大师卡耐基曾说：“别与顾客、配偶或敌人发生冲突，别指责他们的错误，别惹他们动怒，如果非得与其发生对立，也得运用一点技巧。”这是说，与人相处时，要尊重他人的观点和立场，不要轻易指出对方的错误，因为这样是不礼貌的行为。如果是出于好心，想要纠正对方，也必须采取合适的方法。

☆☆☆

一次课间，王浩遇到一道很难解的物理题，便发动前后左右的同学一起解答。十几分钟后，郑凯率先解出答案。“看，我解出来了！”

此时，王浩也有了结果，他很想知道这两个答案是否一致，便一把抓过郑凯的演算纸，却发现两个结果并不相同。

“你的答案肯定是错的！”王浩想都没想就否定了对方的结果。

“你怎么知道，你又不是老师！”郑凯一听，心里不高兴了。

“不信，我演算给你看！”于是，王浩又重新演算了一遍，而且边演算边给大家讲解，把每一步的理论都分析得很透彻。见大家频频点头，王浩十分得意。

这时，另一位同学提议：“郑凯，你也演算一遍，看看哪个正确？”

郑凯听了，也开始展示自己的解题思路和过程。期间，他发现自己犯了一个运算错误，改正之后继续演算，最后得出与王浩同样的答案。

“看吧，你刚才就是错了！”王浩得意地说。

郑凯很看不惯他这副样子，但没有说什么，默默地收起了自己的演算纸。

☆☆☆

故事中的王浩在得知郑凯的答案与自己不同后，直接否定了对方的结果，引起郑凯的不满。如果他能够尊重郑凯的观点和立场，说“我们一起看看谁的思路更好”，或者“我们一起演算一下，看哪里出现了问题”，就不会引发与郑凯的矛盾了。

我们身边的人来自不同的地区和家庭，有着不同的生活习惯、性格和文化素养等，所以对同一件事情会产生不同的看法。此外，如果从不同的角度、时间来思考问题，很多人对同一件事情的看法也会不同。

例如，由于学识和人生经验的不同，老师和学生对同一个问题的看法会有很大区别。老师看事情更全面，也更理性；学生的观点则比较片面、感性。在这种情况下，老师不会要求学生完全认可自己的观点，而是鼓励他们不断积累知识，增加见闻，促进思想成熟，提升分析事情的能力。

☆☆☆

秦杰的书橱里放着一辆破旧的玩具车，没人知道，他一直把这辆车当作宝贝。

一次，一位朋友来家里做客，发现了这辆玩具车，便将其从书橱里拿出来，看了一会儿笑道：“哥们儿，你留着这种垃圾做什么？”说着，顺手把玩具车扔进了垃圾桶。

“你干什么！”秦杰生气地冲过去，赶紧把玩具车从垃圾桶里捡回来，“谁让你随便碰我东西的，你的东西才是垃圾呢！”

“这只是一辆破玩具车，你的反应也太大了吧！”这位朋友觉得不可思议。

“以后不许碰我的东西！”秦杰更生气了。

这位朋友觉得很委屈，说：“我觉得朋友之间没必要这么计较吧。”

“你懂什么！我对每件玩具都很有感情，这辆车是爷爷去世前给我买的，我一直很喜欢，后来坏了也舍不得扔。”秦杰说着，还从床底下拉出一个大箱子，他把箱子一打开，朋友都惊呆了，满满一箱玩具，连幼儿园时候的玩具都有。

“没想到你这么念旧，像女生一样！”朋友一脸嫌弃地说。

“你才像女生，我没你这种朋友！赶紧走！”秦杰吼道。

“走就走，我才不稀罕和这种女孩气的人做朋友！”这位朋友说完便摔门而出。两个人从此互不理睬、形同陌路。

☆☆☆

如果故事中的朋友能够换位思考，站在秦杰的角度思考问题，尊重他的立场和做法，就不会说出无礼的话惹怒秦杰。在人际交往中，换位思考是非常重要的技巧，站在对方的角度体验对方的感受，了解对方的需求，能够在二者的心灵之间架起一座桥梁，促进双方的感情交流。所以，男孩要养成尊重他人观点和立场的习惯，不随意指出对方的错误，也不强迫他人认可自己的观点，要时常换位思考，尝试换个角度理解对方，如此才能收获更多友谊。

日常生活中，有的男孩经常用自己的价值尺度去衡量他人，觉得他人的观点是错误的，他人的生活方式是不正确的等，其实这只是每个人生活中的差异。如果把自己的结论强加给他人，即便是一片好心，也会让对方难以接受。有的男孩经常把“你应该听我的”“你应该像我一样”等话语挂在嘴边，渴望所有人都能认同并赞扬他，这种做法过于自我，很不礼貌。

如果男孩想得到他人的赞同，首先要做到，尊重别人的意见或者立场，不要随意指责对方的错误。在与他人打交道的过程中，产生分歧很正常，但明智的男孩不会随便指责他人。即便知道自己是正确的，也会用恰当的方式与对方沟通，展现礼貌的绅士风度。

任何事情的发生都有一定的原因，每个人做事也有自己的分寸和理由，当他人的观点与自己有分歧时，要尝试站在对方的角度思考问题，理解对方的处境。每个人做事前都认为自己的决定是正确的，也有着“合理”的解释。例如冲动行事的人觉得自己迫不得已，犹豫不决的人认为自己做事谨慎，“书呆子”觉得自己勤奋刻苦等。即便他们的观点和行为方式不正确，但内心深处也不愿承认，更不愿在公开场合承认。如果有人当面指出他们的错误，还会引起他们的不满和怨恨。所以，当观点不一致时，男孩可以坚定自己的观点，但不能强迫他人认可自己，而且要尝试了解对方，在与人交往时，这一点很重要。

讲礼貌的男孩会倾听

坊间有这样一句俗语：“善言，能赢得听众；善听，才会赢得朋友。”可是在现实生活中，很多人更重视自我表达，不擅长倾听。一味表达而不懂倾听，其实是不礼貌的习惯。想赢得更多朋友，男孩就要养成倾听的习惯，做一个出色的倾听者。

☆☆☆

五一小长假，张峰和父母打算去大理游玩，一想起奇妙的石林和古香古色的建筑，他就兴奋不已。

四月底，天气晴朗，他们一家三口登上飞往大理的航班。这是张峰第一次坐飞机，他既兴奋又紧张，本想好好俯瞰一下神州大地的美丽，不料飞机飞行半个小时后，天色突然变暗，下起了大暴雨。飞机不停地颠簸，后来还脱离了航线，机舱内的乘客吓坏了，孩子们大哭起来。乘务人员提醒大家系好安全带，做好保护措施。

“飞机会不会掉下去，或者爆炸？”张峰小声问身边的妈妈。

“不会，我们一定会平安到达大理的！”妈妈安慰他。其实妈妈心里也没底。

最后，飞行员找到方向，将飞机成功降落在一片空地上。飞机安全着陆那一刻，所有的乘客都松了一口气，感叹这次有惊无险的旅程。

假期结束了，一到学校，张峰就想把这次惊险的经历告诉几位好友，可是大家根本没心思听他的故事，而是讨论着各种趣事。张峰好像被浇了一盆冷水，郁闷地坐在一旁。

这时，一位朋友问他：“你怎么啦，没精打采的？”

大家这才把注意力放在他身上，“对了，你不是去大理了吗，大理好玩吗？”

“对，有没有拍照片，有没有发生新鲜事，给我们讲讲。”

“没什么好玩的，飞机差点失事。”张峰没有兴趣地说。

“什么，飞机失事！快讲讲，怎么回事。”朋友们催促道。

“只是遇到暴风雨而已，后来又没事了。”听张峰这么说，大家也觉得没什么意思，便岔开了这个话题。

☆☆☆

故事中的张峰本想和大家分享自己的故事，但大家没有认真倾听，让他很失望。这就告诉我们，在人际交往中，不但要学会表达，还要学会倾听。美国俄亥俄州立大学的几位学者曾做过一次研究，他们发现，很多人每天用于倾听的时间多于表达的时间，可见，倾听在人际交往中扮演着很重要的角色。

倾听是一种礼貌，是对他人的尊重，对男孩结交朋友很重要。但如何掌握倾听的艺术，养成良好的倾听习惯呢?

首先，倾听时一定要专注，集中精神、保持清醒。在倾听的情况下，思维运转的速度比说话时要快一些，如果不集中注意力，很容易走神，而这样是不礼貌的。所以，听别人说话时要专注一些，尽量排除各种干扰。此外，倾听时要察言观色，认真观察对方的表情、情绪，尝试理解对方的想法，并设身处地为对方着想，让对方感受到真诚和尊重。

其次，倾听时要有耐心。对于自己不感兴趣的话题，如果对方很有表达欲望，出于礼貌，要有足够的耐心，听对方把话说完。在此过程中，不要轻易插话、打断对方。如果事出有因不得不打断对方，要礼貌地说一句“对不起，我打断一下”，或者“我能提一个问题吗”等，得到允许后再表达自己的观点。

☆☆☆

有一位将军，他习惯命令下属，他说什么，下属就要做什么，很少给大家发表意见的机会，而且总喜欢毫不犹豫地打断别人的话。为此，他在战士们面前出了一次洋相。

有一天，将军到厨房视察工作，随手从锅里舀起一勺“汤”，刚放到嘴边，厨师就紧张地说：“将军，不可以……”他话还没有说完，将军就已经一仰脖，把“汤”喝下去了。

“这么难喝的汤，怎么能给我的战士们喝！”将军怒斥道。

厨师马上解释：“将军，这不是给战士们喝的汤……”

将军摆摆手，不听他的解释，然后不由分说地把他骂了一通。站在旁边的战士们不敢吭声，但心里都在偷笑。因为他们知道，锅里装着的不是汤，而是刷锅水。

☆☆☆

故事中的将军没有倾听的习惯，打断了厨师的好意提醒，结果把刷锅水错当成汤喝下了肚，在战士们面前闹了个笑话。这就是不耐心倾听的结果。

最后，倾听时还要有适当的反应。当对方说到有趣的地方时，要用笑声来回应他；当话题转向紧张环节时，要给以严肃的表情；当对方讲述自己的成就时，要用赞赏来回应等。如果听者的反应恰到好处，会让说话的人更为满足。此外，倾听时还要使用恰当的方式，例如点头、微笑等，示意对方继续说下去，充分表达自己的想法。

不做“长舌”男孩

世间很多是非都由口舌引起。一句不礼貌的话，一句措辞不当的话，都有可能引发矛盾，更别提搬弄是非、挑拨离间。说他人的是非，对于自己而言，会受到别人的轻视；对他人而言，则会造成很大伤害。所以，男孩要管住自己的嘴，不做“长舌男”。传话时也要实事求是，不能夸大其词、添油加醋，以免引发祸事，引火烧身。

☆☆☆

张扬是班里出了名的“长舌男”，整天搬弄是非、说三道四，同学们都不喜欢和他相处。

一天，他对同桌小俊说：“你知道吗，张强他们家特别有钱，他爸爸经常给他买各种昂贵的玩具。”说着，他还特意靠近小俊，小声说：“听说他爸爸最近又给他买了一架遥控飞机，特别棒。”

小俊对遥控飞机很感兴趣，说：“真的！我一直想有一架遥控飞机，可是太贵了，我妈妈不给我买。咱们找他借着玩儿吧？”

“这个嘛，其实我对遥控飞机不感兴趣，你自己去找他借吧。”其实张扬根本不确定张强有没有遥控飞机，他只是看见张强玩过一次。

放学后，小俊兴高采烈地找张强借遥控飞机，张强却说：“我没有遥控飞机啊！”

“别骗我了，张扬都告诉我了，你爸爸刚给你买的。大方点，借给我玩会儿，不会给你弄坏的。”小俊笑道。

“我真的没有遥控飞机！再说了，张扬的话能信吗？”张强郁闷地说。

小俊一想，张扬平时就有点“长舌”，经常挑拨大家的关系，而且总是言过其实，可能真的不应该相信他。从此，小俊再也不理会张扬，也不再听信他的话了。

☆☆☆

生活中，有的男孩就像故事中的张扬一样，喜欢夸大事实、搬弄是非，在人后说三道四。这种行为，大多是出于习惯。爱说是非的人，往往意识不到自己的错误，认为这只是闲聊，无伤大雅。殊不知，这已经成为他结交朋友的阻碍。

经常搬弄是非的人，会让他人失去信任，从而受到轻视，甚至鄙夷。如果当事人知道实情，还会引起一场风波，可谓伤人伤己。搬弄是非的坏习惯，不利于男孩的成长和人际往来，也不利于道德素质的培养。

因此，男孩必须管住自己的嘴，改掉“长舌”的坏习惯。与他人相处时，切忌随意评论他人的长短，这是一个男孩素质高低的体现。不过分干涉他人的事情，不妄加评论他人的观点，这是对人基本的尊重和礼貌。

改掉“长舌”的坏习惯，还包括努力为他人保守秘密。朋友之间相互倾诉秘密，这是信任的表现，大家也总是相信，朋友一定会帮自己保守秘密。但一些“长舌”的男孩，刚从朋友那里听来秘密，转身就将其告知他人，虽然没有任何恶意，却泄露了他人的隐私，也辜负了朋友的信任，破坏了友情。

要想改掉“长舌”的坏习惯，就不要把太多的精力浪费在关注他人的事情上。每个人都是自己生活中的主角，要花更多心思来改善自己、提升自己。当自己的生活变得越来越充实，学习成绩越来越好，能力越来越强时，就不会在意他人的一些小秘密、小事情，更不会妄加评论。

当在生活和学习中遇到爱搬弄是非的人时，男孩应该怎么处理呢？

☆☆☆

“听说李伟的第一名是抄来的。”期末考试成绩出来后，班里的“长舌男”就开始对李伟评头论足。他觉得，以李伟的实力，顶多考进前五名，根本不可能成为全班第一。于是猜测，李伟可能是作弊了。在没有任何证据的情况下，他开始散布这种谣言。

王翰听后，不以为然地说：“我觉得李伟还不错，成绩好、人品好，不会作弊的。”

“长舌男”见他不信，开始编造谎言：“我亲眼看见的，我们在同一个考场。”

王翰知道他喜欢搬弄是非，嘲笑道：“你有心思看他作弊，怎么不好好检查自己的试卷，这样也不至于不及格了！”

“长舌男”一听，脸红地走开了。

☆☆☆

每个人都不愿与爱搬弄是非的人打交道，但如果掌握一些方法，和他们相处起来也并非难事。首先，男孩要保持正直、坦荡的心态，无论听到什么闲言碎语，都要做到不相信、不传播，就像故事中的王翰。其次，当对方谈论他人是非时，可以尝试转移话题，让对方不好再继续论人是非。最后，可以用恰当的方式、诚恳的态度，规劝对方改掉“长舌”的坏习惯。

年龄在长，礼仪也要提升

每个年龄段需要掌握的礼仪是不同的。随着年龄的增长，男孩的礼仪也要有所提升。幼儿时期，男孩只需要学会一些最基本的礼仪，例如掌握礼貌问候语，正确称呼身边的人，不与伙伴争抢玩具等；小学时期，要掌握日常生活礼仪、升旗礼仪、师生礼仪、待客做客礼仪等；中学时期，要懂得宴会礼仪、网络礼仪、与异性交往的礼仪等。但是，有的男孩没有意识到礼仪也需要不断学习、提升，到中学了，行事还与小学生无异，让人觉得失礼。

☆☆☆

春天到了，学校组织了一次春游，同学们来到山坡上、小河边玩耍，尽情享受春天的美好。就在大家玩得起兴的时候，突然听到争吵声。

“你一个大男生，怎么这么小气啊！”一位女同学生气地说。

“谁说男生就要让着女生的，那我多亏啊！”一位男同学霸气地回答。

原来，小河边有一块大石头，几位女同学想坐在上面拍张照片，可是一位男生躺在上面，怎么也不肯让一让。老师听到吵闹声，赶紧走过来，看到眼前的场景，不怒反笑，对男孩说：“这是我的错，没教你该怎么和女同学相处，不过如果你今天不表现得绅士一点，恐怕以后会成为全班女生的公敌。”

周围的同学听了老师的话，都哄笑起来，还有男生起哄说：“好男不跟女斗，你可别给我们男生丢脸！”

躺在石头上的男生听了，不好意思地站起来。那几位女同学没计较刚才的事，礼貌地说：“谢谢啦，绅士！”

事后，男孩思考了一番“好男不跟女斗”这句话，也暗中观察，发现不知从什么时候开始，班里的男同学都会让着女同学，即便发生冲突，也很少出现男生与女生争吵的现象。而他，好像还停留在小学阶段，经常和女同学争抢物品，为一点小事和女生大吵大闹。想到这儿，他突然意识到，要改变与女同学的相处方式，最起码要学会一些基本的相处礼仪。

☆☆☆

随着年龄的增长，男孩与女孩相处的礼仪也会发生变化，作为男生，更要好好学一学，如何正确与异性保持礼貌往来。首先，男孩要尽量让着女孩，因为在身高、力量等方面，女孩与男孩相比毕竟是“弱势群体”；此外，交往要适度，既不能过于生分，也不能走得太近。男孩与女孩差异很大，有各自的优势和劣势，相互交往，能够促进学习、共同进步；但是，随着年龄的增长，男孩女孩青春萌动，容易产生好感，所以要保持交往的分寸，不能和异性走得太近。

随着年龄的增长，男孩更要懂得，除了尊重他人，还要尊重各国、各地区的风俗习惯。每个国家、地区、民族，都有自己的风俗习惯和礼节，要想正确和各国、各民族的人友好相处，男孩就要学一学其他国家、民族的礼仪。例如，在伊斯兰教徒的面前不能吃猪肉，不谈论任何与猪相关的事情；遇到印度、阿拉伯等国家的人，不能用左手递东西给对方；不要随意在天主教徒面前说“13”这个数字等。

需要掌握的礼仪还有很多，男孩该如何在日常生活中积累自己的礼仪知识，成为一位文明的绅士呢？

首先，要积极参与礼仪课程。学习礼仪知识，不但能够养成文明礼貌的好习惯，还可以提高自身的礼仪修养水平。

除了参加礼仪课程外，男孩还可以通过网络、书籍等途径来吸收礼仪知识。中国是“礼仪之邦”，浩繁的典籍中记载了无数有关礼仪的知识，男孩可以通过阅读大量相关书籍，学习各种礼仪知识，提升礼仪修养。

此外，随着科技水平的提升和教育方式的发展，很多学生都开始频繁接触网络。不过，有的男孩认为网络是虚拟世界，无须讲究礼仪，其实不然。

☆☆☆

安杰最近迷上了微信，经常使用“摇一摇”功能，与搜索到的朋友聊天。不过，由于说话没分寸，他遭遇了一件尴尬的事情。

这天，他又与一位微友聊天。聊得起兴时，把不少同学的糗事都抖了出来。“我们班的郑浩，是全校最胖的人，简直像猪一样！”结果这位微友发来一条消息：“我就是郑浩！”他一看，傻眼了，赶紧道歉。

第二天回到学校，他尴尬急了，根本不敢抬头看郑浩。这次他可长了教训，以后上网再也不敢乱说话了。

☆☆☆

故事中的安杰不遵守网络礼仪，让自己陷入了尴尬的境地。所以，在日常生活中，男孩要注意学习并遵守网络礼仪，包括不浏览不良网站，以及各种不良信息；结交网友要慎重而诚实，既不能欺骗他人，也不要上当受骗；在进行网络社交时，要注意文明用语；不沉迷于网络游戏等。

此外，男孩还要积极参加各种社交活动，例如宴会、婚礼、葬礼等，不断向长辈学习礼仪知识，逐步提升自己的礼仪修养，成为一位名副其实的小绅士。

第八章

一分尝试，一分收获

——男孩要养成勇于尝试的好习惯

爱尔兰剧作家萧伯纳曾说：“一个尝试错误的人生比无所事事的人生更荣耀，并且有意义。”因为只有敢于尝试错误，我们才有可能收获成功的人生，这就好比只有经历了严寒的冬季，我们才能感受到春风的温暖。这是一个追求个性和成功的时代，如果我们想在这个时代脱颖而出，就要养成勇于尝试的习惯，不断挑战自我、完善自我。

打破规则，可以超越自我

俗话说，没有规矩不成方圆。规矩、规则都是人为既定的标准法度。它的存在能够帮助社会或者个人按照一定的规则和轨迹成长与前进，不可否认，大到国家存亡，小到家庭发展，都需要一定的规则和秩序来维护稳定。

诚然，规则让事情的发展能够始终掌控在相对可控的范围之内。但是一旦墨守成规，永远沿着同样一个规则“无为而治”，而不能根据实际情况及时对自己做出调整，长此以往，将会限制自己的发展，使自己的能力固化，最终无法超越自己。

☆☆☆

小野是一名初三的男生。面对即将到来的中考，小野压力很大。巨大的压力让小野也产生了一定的动力，他变得比平时更加勤奋刻苦，相信只要“勤”必能补“拙”。

但一个月过去了，两个月过去了，小野感觉自己的勤奋并没有多大的作用，学习压力还是很大。难道“勤能补拙”是错的？

为了解惑，他找到自己的好朋友，一个一直很出色的男生。

“你的出色难道不是依靠勤奋得来的吗？”小野直接问他。

男生笑道：“当然和勤奋有很大的关系。但是，我还想了其他的方法，来超越自己。”

“其他方法？”小野更加疑惑了。

“我勤快，但我也‘懒散’。”男生说：“不管是学习还是生活，我从来不会遵循一个规则，有时候，为了找到合适的途径，我需要打破规则，超越自我，找到更加适合我的人生经验和方法。也就是说，我的出色，是我的‘不走寻常路’成就的。”

小野听了若有所思。

☆☆☆

故事中的小野为了能够取得优秀的成绩，一直非常努力和勤奋，但是经过一段时间的尝试和观察，他发现这样的“勤奋”似乎并没有取得多大的效果。但是再观察小野一直优秀的朋友，却在“不走寻常路”中保持着自己的优秀。

一个人在努力的过程中也会“懈怠”。或许是出于习惯，或许是出于依赖，总之，人一旦经常采用一种方式思考或者生活，就很难再做出改变。尤其是当这种模式还有效果时更是如此。但在这样的情况下，人的思维就会具有“惰性”，不愿意再去思考、再去改变，自然想要突破就无从谈起了。 可是如果能在这时勇于突破自己的思维定式、敢于突破自己既有的行事规则，就很有可能有另外的收获。

☆☆☆

冯弋正在解一道数学题。

虽然在上课的时候，老师已经给出了解答思路，但冯弋很喜欢挑战自己、突破自己。他想“很多在数学上有作为的人都尝试过一道题用不同的思路来解答，我是不是也可以这样做呢？”

自习课上，冯弋开始琢磨起来。

冯弋的同桌看到后笑他：“老师都告诉你怎么解题了，你还要找另一个方法，这不是自己和自己过不去吗？”

“谁规定方法只能有一个的？”冯弋不服气地回答道，“我就是要找到其他的解题方法，没有人规定规则只有一个。”

对于他的固执同桌早有领教，此时也不再多说，埋头按照老师说的方法解答起来。

很快，同桌就正确做出了解答，冯弋还在埋头苦想，一会儿写写一会儿画画，好像还没有任何头绪。

“别乱想了，快点按照老师说的方法答题吧。”同桌忍不住说道。

“不要，我要继续想一想。”冯弋不服气。

“那你慢慢想吧，浪费时间。”同桌说。

整整一节自习课过去了，冯弋的眉头还是紧锁着。

伴随着下课铃声的响起，冯弋突然激动地跳了起来，“我找到了，我找到了，除了老师说的方法，我还找到了两个解答方法，我现在就去让老师看看是不是正确的。”

说着他就跑出了教室，同桌看着激动的冯弋，还是认为他把整节课都浪费在一道题上，很不值。

☆☆☆

故事中的冯弋花费了一节自习的时间找到了同一道题的两种不同解法，他为此欣喜若狂。而同桌却非常不能理解，觉得他是在浪费时间。冯弋却乐在其中，因为在思考的过程中他逐渐突破了思维定式，也是在向自己的能力进行挑战。这个过程是有趣而且具有重要意义的。

那对于男孩来说，如何打破规则，才能够更好地突破自我呢？

首先，要敢于向传统和权威挑战。如果一个人完全“顺从”于既有的规则，那么从他的心理上来说，他不敢向规则提出质疑，更不用提突破自我。作为男孩，一定要有探索精神和冒险精神。其次，要有精益求精的精神追求。打破规则不是单纯地向规则说“不”，而是在既有条件下寻找更适合、更好的解决方式，这就要求男孩在打破规则的同时必须有精益求精的精神追求，严格要求自我。最后，男孩一定要有自信，在对自己充满信心的前提下积极突破自我，实现更好、更有利的成长和生活。

男孩既要敢想，又要敢做

有句广告词：“心有多大，舞台就有多大。”这句话说明一个人的想法具有积极重要的意义。对于一个男孩来说，“敢想”是一种非常重要的品质。“敢想”是善于思考、勤于思考的表现，更是有主见、有思想的表现。一个人的想法对其行为具有重要指导意义，只有有想法的人才有将其付诸实践的可能性。一个人只有敢想，才能敢做，只有敢做，才有成功的可能。

☆☆☆

有一个男孩无意中在山谷发现了一种特别漂亮的花，就把这种花移种到了自己家里。秋天后，男孩得到了许多花的种子。他想，如果这种花能生长在他们国家的每条道路上该多漂亮啊！

但是男孩只是一个普通的孩子，没办法见到国王，只好把种子收集起来，第二年春天又在自家院子里种了下去。

秋天的时候，男孩又收集了更多的种子。男孩的邻居也都十分喜欢这种花，于是向男孩讨要了很多种子。

男孩再一次想，这么漂亮的花为什么不能开满大街小巷呢?

又过了一年，男孩收集到了更多的种子，这一次，他拿着种子走出了家门，鼓足了勇气走到了皇宫的门口。

“我要找国王，我想送给他一些漂亮的花的种子。我想让这种花开满我们的国家。”男孩大声对着宫殿的侍卫说道。

本来男孩已经做好了被侍卫赶走的准备，但没想到，侍卫却让他等一会儿，很快，就有一个衣着华丽的男人走了出来。这个男人虽然不是国王，但是一名大官。

这名官员笑道：“小伙子，你很有勇气，让我们看看你说的是什么花吧。”

男孩很激动，他说：“我现在只有花的种子，但是它们真的很漂亮。”

“好吧，如果明年你真的能种出漂亮的花，我会说服国王，让整个国家都开满这种花的。”

男孩高兴地跑回了家，原来有时候事情并不像你想象中那么困难，想到了就去做，也许就能成功。

☆☆☆

故事中男孩的想法看似有些天方夜谭，但敢想敢做的他通过一步步的努力将自己的想法慢慢付诸实践。由此可以看出，任何看似大胆而冒险的想法，只要肯脚踏实地、一步一步有计划地去实施，就很有可能成为现实。

敢想敢做，是一种精神，作为男孩，必须要有冒险精神。敢想敢做，也是一种自信，作为男孩，必须相信自己的想法是正确的。当然，这种自信来源于知识的积累和阅历的丰富，来源于对自己大胆想法的反复推敲和验证。如果有一个想法之后不假思索地便去实施，那么很有可能会碰壁，而不是获得成功。当然，如果想法“靠谱”且目标明确，那么时间就是生命，一定要尽快实施。

☆☆☆

小林到一家公司应聘业务经理的职位，这个职位一共有三十多名应聘者，竞争十分激烈，很多应聘者都是行业里的精英，小林倍感压力，但他觉得自己的能力也很强，还是有一些胜算的。

公司的面试官一一筛选他们的简历，初步面谈后只留下了十个人，小林也在这十个人中。

面试官一一把这十个人叫进办公室进行详细的了解和交流，最后让他们回家等消息。

小林十分渴望得到这份工作，回家的路上一直在担心自己不能被录用，也在想有没有什么好方法让这家公司录用他。

突然，他想：如果我能证明自己的能力更突出，也更热爱这份工作，会不会就多了一份希望呢？

面试以前他对这家公司进行了很详细的了解，他想在半天的时间推销出去至少十份该公司的产品，在下班前把这份业绩交到公司，得到认可。

想到就去做，在太阳下山之前，满头大汗的小林终于拿到了十份“业绩”，交到了面试官手中。

而吃惊的面试官当场就确定了他上班的时间。

☆☆☆

故事中的小林在面试后有了非常大胆的想法：用业绩说明实力！虽然他还没有正式入职上班，但是他却能够在短时间内拿出十份订单，这个成绩让面试官十分震惊，自然也为他毫无悬念地赢得了工作机会。由此可见，敢想敢做，在生活和工作中是多么重要。

敢想敢做，是一种冒险，更是一种追求。作为男孩，一定要保持这种精神。首先要“够大胆”，在生活和学习中不要怕自己的想法出错，即使错了，也可以寻找原因，这样也可以取得进步。其次要注意，敢想敢做，不是盲目去做，一定要在考虑之后多加论证，证明想法的可操作性和实现的可能性之后，再去积极实施。最后，在做的过程中，要根据结果及时调整自己的做法，只有这样，才能取得最好的结果。

标新立异能让男孩脱颖而出

这是一个追求个性的时代，也是个更加注重个性的时代。作为男孩，在充满个性的时代中要想脱颖而出，标新立异无疑是一个选择。

标新立异，即一个人独创的新意或者理论，与别人都不尽相同，有时候也可以用来形容为了显示自己的不同，用不同寻常的方式来表现自己的方式。作为一个男孩，在生活和学习中，适当标新立异可以显示自己的与众不同，在人群中脱颖而出。而有的时候，标新立异不仅可以显示自己的与众不同，甚至可以救人于危难之中。

☆☆☆

一艘船在一次航行中不幸触礁沉船了，船上的人拼命在海里求生，终于发现了一座无人岛，游了上去。

但是这座小岛不仅荒无人烟，而且寸草不生，他们活下去的希望就是等待下雨或过往船只来救他们。

然而，时间一天天过去了，还是没有船只经过这里，三天后，船员们已经奄奄一息了，哪怕是一口雨水，也能缓解一下他们的饥渴。

有一个船员从小就爱探索，喜欢尝试新鲜事物，经常被他人当成异想天开的“傻瓜”。而此时，他盯着大海，想喝海水来渡过这次的难关。

“海水是不能喝的。”船长告诉他。

这名船员却已经支撑不下去，在渴死和“毒死”之间，他选择了后者，大胆喝下了岸边的海水。

结果，他喝完海水后很长时间并没有出现任何不适的反应，于是连忙把这个消息告诉伙伴们，大家都忍不住喝起了海水，以此来维生。

又过了两天，就在大家都已经十分虚弱的时候，救援的船只终于赶来了。听了他们的经历后，科学家对这里的海水进行了检测，竟然发现了一处地下泉水，正是不断涌出的泉水使海水变得可以饮用，救了大家的性命。

☆☆☆

故事中的船员在生死存亡之际没有按照传统的观念认为海水不可以饮用，而是大胆尝试，采用了标新立异的做法——喝海水。虽然这在大多数人的眼里非常不可思议，但是就是这不可思议的做法拯救了所有人的性命。

标新立异是一种大胆而且冒险的选择，但是不得不说大胆和冒险或许是男生应该“与生俱来”或者不可或缺的品质与精神。标新立异意味着与大多数人不相同，也意味着没有太多成功的先例可供参考。选择标新立异，就如同选择了在一片从未有过道路的大地上行走，所有的一切都要依靠自己。但也正是如此，这条道路才显得更加吸引人，也充满着更多的机会。因为成功往往是留给敢于“第一个吃螃蟹”的人的。

☆☆☆

王磊总是提出很多新奇的主张，当和别人讨论问题时，也会有很多和他人不同的想法及见解。

有一次，他见很多小宝宝和老人使用筷子十分不方便，就提出把一双筷子绑在一起，这样就不会因为拿不稳而把一支筷子掉在地上，也不会因为把握不好力度和方向而无法夹住食物。

但大家却觉得他是个“怪孩子”，总是做一些不能让人理解的奇怪的事情，筷子就该分开使用，绑在一起还怎么用？

不过，很快王磊就发现，网上早就有“绑”在一起的筷子卖了，大部分都是给刚学使用筷子的小宝宝使用的。

他把这种筷子拿给笑话他的人看，虽然这些人说他有想法，但还是觉得他是在胡思乱想。

虽然王磊的很多行为都不能得到大家的认同，但他丝毫不气馁，依旧大步迈在尝试新鲜事物的大路上。他相信，总有一天，他的种种想法都能实现，在这之前，他还要尝试很多新鲜事物，更加“特立独行”才行。

☆☆☆

故事中的王磊在生活中总是有很多标新立异的想法。虽然他被认为是“怪孩子”，但是这依然不能阻止他产生各种“奇怪”的想法。在他看来，只要勇于尝试，总有一天，他的这些标新立异的想法都能成为现实。

一个人敢于标新立异是一种勇气，也是一种创新的精神。我们的世界正是在勇于创新这种精神的推动下不断向前发展的。因此作为男孩，首先，不要怕自己的想法太过标新立异，不要因为害怕被别人嘲笑而放弃自己的想法。只要坚持自我，才能在不断的实践中慢慢证明自己。其次，标新立异不能过于脱离实际。任何标新立异的想法要有现实基础作为依托，过于天马行空的想法或许听起来很美好，但是却很难成为现实。因此，在生活中，我们既要标新立异，敢于畅想，也要着眼于实际生活，勤于思考。最后，男孩要记得少说多做。很多标新立异的想法在一开始并不为大众所接受。我们并不期望一开始就被所有人认同，而是希望通过实际行动和最终结果证明自己的想法是可行的。因此，作为男孩并不需要急着“说明”自己，而是要通过实际行动证明自己。

尝试创新，失败算什么！

创新是一个社会前进的最大动力。大到国家民族，小至家庭个人，都在创新的作用下取得成功，向前发展。创新需要不断尝试和实践，需要在实践中一次次积累经验，这样才能慢慢取得成功。

作为一个男孩，创新精神似乎是“与生俱来”的。男孩从小喜欢在家里翻箱倒柜，对玩具或者其他家具“上下其手”，尽管经常失败率大于成功率，但是总是乐此不疲。大人们却经常将这种“创新”称之为“淘气”，并在日后孩子成长的过程中慢慢制止他的“创新行为”。当然，这种做法存在不合理的地方。

青少年在生活中创新的机会并不会少。但是出于我们从小接受的教育和被塑造的理念，以及创新需要承担的风险等原因，并不是每个人都敢于创新。在生活中大多数人选择了墨守成规，结果将自己的“天赋”早早扼杀在摇篮里。

☆☆☆

有这样一个传说故事：一年，有一个建造一座巨大宫殿的任务交给了鲁班。建造这座宫殿需要很多木料，鲁班带着徒弟们上山砍树。因为当时还没有锯子，因此他们只能使用斧头，效率非常低。一次上山的时候，鲁班抓到了一种野草，一不小心手就被划破了一道口子。鲁班当时感到非常奇怪，小草怎么会这么锋利？于是他摘下了一片叶子细心观察。结果他发现这种叶子的两边长着许多小细齿，这些小细齿非常锋利，用手轻轻一摸，手指就有刺痛的感觉。

鲁班顿时明白了，他的手就是被这些小细齿划破的。后来又有一次，鲁班看到一条大蝗虫啃食一株草的叶子。它的两颗大板牙非常锋利，嘴巴一开一合，不一会儿就吃掉一大片。鲁班出于好奇，拿起蝗虫咬过的一片草仔细观察，他发现被咬过的地方都呈现细细的锯齿状。这和割破他手指的小草特别相像。

这两件事给了鲁班很大的启发。他找了一片大毛竹，又在毛竹边缘割出许多小锯齿。他拿着加工过的竹片到小树上去做实验，果然锋利多了。没多久那棵小树就被划出一道深沟。后来他又将不耐用的毛竹换成铁片，找来铁匠帮忙将其制成带有小锯齿的铁锯。他和徒弟各拉一端，一棵小树没多久就被锯断了。就这样，鲁班发明了铁锯。

☆☆☆

鲁班是我国著名的发明家，他的故事在中国的历史上广为流传。善于观察和思考的鲁班通过创新，发明了新的工具——铁锯。所有的发明、创造都是对人类文明发展的重大推动。

在现在的生活中或许要有新发明会很难，但是在日常生活中有所创新，还是很容易的。只要细心观察、认真思考，大多数人都可以做得到。尤其对于处在成长重要阶段的青少年，创新更是一种不可或缺的能力。而这种能力，其实在日常生活中就有显现。

☆☆☆

亚利从小就喜欢拆东西，父母买给他的玩具没两天就会被他拆坏了。但他乐此不疲，每每有新玩具，他总是会研究半天，琢磨着怎么把它拆掉然后再组装起来。

亚利经常说："我以后要当个大发明家。"

父母并没有阻止他，反而很鼓励他这种大胆尝试的习惯，还会指导他做一些小创新，比如利用积木组装各种各样的飞机、汽车和房子等。

亚利虽然失败过，但他总是想起父母说过的"没有不失败的创新，只有不断的尝试才能成功"。

就这样，日复一日，刚满十岁的亚利通过不断的尝试终于做出了第一项发明创造。

他激动地对父母说："我会一直创造下去，直到成为真正的发明家。"

☆☆☆

故事中的亚利和大多数孩子一样，从小喜欢"拆东西"。但是他并不仅仅是淘气，而是充满了求知欲。为了探索更多奥秘，他始终没有放弃自己的爱好，也坚定自己想要发明创造的梦想。最终通过努力，他终于实现了梦想，实现了创新。虽然在过程中他失败了无数次，但是最终依然取得了成功。由此可以看出，只要敢于尝试，创新中的失败又算得了什么，只要努力，就一定会有收获。

作为一个男孩，首先，要对身边的事物保持好奇心和求知欲，要细心观察、不断揣摩。同时，要有一定的动手能力，这是创新中必不可少的能力。因此要在生活中勤动脑、多动手，提高自己的动手能力。其次，要有质疑精神，对现有的事物能够以一种质疑和审判的眼光看待，寻找其缺点，然后精益求精。最后，要有不怕失败、永不言弃的精神。创新是对能力和毅力的考验，只有坚持到底、永不放弃的人才能成功。

不断尝试才能发现自己的兴趣

很多时候，一个人的兴趣并非是显而易见的。大多数人在不了解自己的阶段无法确定自己的爱好。而且我们不得不承认，人的兴趣会发生变化，或许大多数时候在没有发现自己“真正的爱好”之前，都无法真正确定自己的兴趣，更无法确定自己人生的方向。

相对于女孩而言，男孩的兴趣更加“稳定”，并不会随着年龄和时间的变化而发生过多改变。但是即使如此，要想发现自己真正的兴趣，男孩也要花费时间和工夫。

其实男孩发现自己的兴趣，最好的方式就是不断尝试新鲜事物。

☆☆☆

查德·费曼是诺贝尔物理学奖得主，他好奇心重，从小就养成了不断尝试、琢磨事物的习惯。

小时候，查德·费曼并不知道什么是兴趣爱好，做什么事都凭借自己的好奇心。因为好奇，他才想要去琢磨、去研究，久而久之，他发现，好奇心让自己对周围的事物充满了钻研的兴趣。

查德·费曼曾称自己为“科学顽童”。他在自己家里设立了一个小小的实验室，只要好奇心“发作”，就会在自己小小的实验室里做各种各样的实验和发明，尝试做很多有趣的事情。比如，用显微镜观察各种有趣的动植物。

有一次，查德·费曼想知道蚂蚁是怎么觅食、通信和通报食物来源的。为了得到答案，他在实验室里准备了一个器皿给蚂蚁当“家”，并在一个角落里放上一些食物，暗中观察蚂蚁的种种行为。最终，他通过自己的努力，找到了所有问题的答案。

正是由于有着强烈的好奇心和不断尝试的习惯，查德·费曼才拥有了丰富的想象力和创造力，才能在科学领域取得巨大的成就。

☆☆☆

故事中的查德·费曼在还不知道什么是“兴趣”时，就凭借孩子特有的好奇心对许多事情认真观察、细心琢磨。慢慢地，他发现这种“钻研”和“琢磨”其实就是自己的兴趣。也正是在自己这样不断地观察和琢磨中，他找到了自己人生的方向，发现生活中更多的问题，最终成为著名的科学家。

作为男孩，要具有冒险精神和开拓精神，不畏困难，不怕失败，勇于尝试，以积极的态度在生活中发掘自己的兴趣爱好。也只有接触广泛，男孩才能真正找到自己的兴趣，成就自己的人生。

☆☆☆

有一天，老师让同学们写下自己的兴趣爱好交上来。

原来，学校要创办几个兴趣社团，丰富同学们的课余生活。

同学们十分高兴，纷纷把自己的兴趣写在纸上交到了老师手里。

但当老师走到男孩果果身边时，却发现他的纸上没有任何东西，果果也一脸的苦恼。

“你的兴趣是什么？为什么不写下来呢？”老师问。

“我不知道我的兴趣是什么，我好像没有特别喜欢做的事情。”果果苦着脸说道。

老师说：“那可能是你现在还不知道你的兴趣，或者是还没有能让你感兴趣的东西。这些都没有关系，你可以多观察身边的事物，也看看同学们都有哪些兴趣爱好，多了解，多尝试，总会发现自己感兴趣的东西的。”

听了老师的话后，果果郑重地点了点头。

从那以后，果果尝试做了很多事情。比如，向喜欢唱歌的同学学唱歌、向爱好画画的朋友学画画以及向爸爸学习做木艺等。但这些事情果果都不喜欢，无论怎么学都喜欢不起来。

他苦恼地找到老师，发现老师正在写毛笔字。行云流水般的书写瞬间就吸引了他的目光，他激动地对老师说：“老师，我的兴趣是写毛笔字，您能教我吗？”

“当然。”老师笑道。

☆☆☆

故事中的果果苦于自己没有兴趣爱好，在老师的鼓励下他开始接触各种新鲜事物，最终看到书法之后，几乎对这种艺术“一见倾心”，从此找到了自己的兴趣爱好。

很多时候，人的兴趣就是这样在一瞬间“迸发”的，凭借一股甚至都说不清、道不明的感觉投入到某一件事中去。

在不断寻找和尝试的过程中，男孩首先要克服自己“三天打鱼两天晒网”、做事情三分钟热度的习惯，让自己在接触新事物的过程中增加耐心。一个没有耐心的人无论做什么都不能取得成功，也会错过发掘自己兴趣的机会。其次要敢于面对自己内心真实的感受，如果在认真体验过后的确对某件事不感兴趣，就要勇敢面对真实的自己，而不是“委曲求全”、为难自己，并在今后的道路上继续勇敢、积极地寻找自己的兴趣，这样最终一定能取得成功，让自己的生活因为兴趣而过得更加有意义。

第九章

真知灼见来自多思善疑

——男孩要养成勤于思考的好习惯

学习的本质是思考，只有善于思考的人，才可以遨游于书海之中，并将所学到的知识进行升华。思考是一种良好的习惯，可以帮助我们去除糟粕、传承精华。古往今来，凡是成大事者，都是勤于思考、善于思考的人，他们不断发现问题、解决问题，从而扩展自己的思维空间，创造非凡的成就。所以，男孩想有所成就，就要养成勤于思考的好习惯。

深入思考，让男孩看到事物本质

深入思考是一种能力，也是一种习惯。这种习惯能够帮助一个人考虑问题更加全面而且深刻，让一个人处理问题的方式大为不同。尤其对于一个男孩来说，深入思考是一种必备的技能，会对其人生产生重要影响。

☆☆☆

别涅迪克博士是一位法国科学家。

有一次，别涅迪克博士在做化学试验时，不小心把一只烧瓶摔到了地上，他以为这只烧瓶肯定会摔得粉碎，正当他准备去拿工具打扫时，却发现地上的烧瓶只是表面有些擦痕，并没有任何破裂的地方。

真是个神奇的瓶子。

当时，别涅迪克博士并没有在意，只是担心继续使用这只烧瓶会使试验出现问题，于是在烧瓶上贴了个标签，注明问题放到了其他地方。

不久之后，市区发生了一起交通事故，两辆客车相撞，车上的多数乘客被挡风玻璃的碎片划伤，其中一辆车的司机还被玻璃划破面部，受伤严重。别涅迪克博士在得知这一事故后，突然想到了被他忘记的那个没有摔碎的烧瓶，为什么那个烧瓶没有摔碎呢？

他用最快的速度赶到了实验室，取出了那只烧瓶，只见那只烧瓶的瓶壁有一层薄薄的透明的膜。别涅迪克博士开始研究这层薄膜，最后发现这只烧瓶曾装过一种叫硝酸纤维素的化学溶液，那层薄薄的膜就是这种溶液蒸发后残留下来的，遇空气后产生了反应，从而牢牢粘贴在瓶壁上起到保护作用。因为无色透明，所以一点儿也不影响视觉。

“如果这种溶液，用于汽车玻璃的生产中，以后再发生类似的交通事故，乘客的生命安全不是更有保障吗？”别涅迪克博士想。

后来，别涅迪克博士就将这个发现公布了出去，建议将这种溶液用于汽车玻璃的生产当中，减少类似交通事故带来的伤害。因为这个小小的发现，别涅迪克博士荣登20世纪法国科学界突出贡献奖的榜首。

☆☆☆

别涅迪克博士在遇到问题时能够深入思考，为全人类的安全问题做出了巨大的贡献，这都要归功于别涅迪克博士善于发现并且能够深入思考的好习惯。

深入思考对一个人的成才和成功具有重大意义。甚至可以说，深入思考有时要比勤奋努力更为重要。深入思考对人生具有决定作用，因为它可以触及问题的本质，能够帮助人们对事物的本质进行深刻的研究和思考，而不是将所有的目光只集中于事物及问题表面。

☆☆☆

津津是个有些马虎的男孩，用父母和同学的话就是“做事从来不动脑筋，不去思考问题”。津津很不服气，想要证明自己也是爱思考、会动脑的聪明人。但是应该如何思考，他就不知道了。

津津去问一个喜欢思考的朋友，朋友告诉他：“这还不简单，动动你的脑子，看见什么事情都多想一想，多问几个为什么，从事物的表面去了解它的本质，养成习惯，你就会学会思考的。”

多问为什么很简单，但从表面看到本质可就不是那么容易做到的了。津津认可朋友的说法，从那以后，每做一件事，每看到一样东西，都会试着去问几个为什么。久而久之，他不仅养成了爱思考的好习惯，而且变得更聪明了，再也没人说他不动脑筋、糊涂做事了。

☆☆☆

故事中的津津一开始是个马虎的男孩，遇到问题不喜欢思考，懒得动脑筋，因为被别人批评而开始反思自己，慢慢地养成了动脑思考并且能够深入思考问题的习惯。很快他就改掉了“马虎”的毛病，变得更聪明了。

其实每个人的大脑都是一个宝藏，只要能够积极开动脑筋，遇到问题多多思考，就能够有非常有意义的发现。作为男孩，如何养成深入思考的好习惯呢？

首先，要有充足的知识储备，掌握大量的知识。这就要求男孩要积极学习，注重积累知识，并且在学习的过程中要深入理解其精要，而不是简单地记忆。其次，在思考问题的过程中，可以借助笔等工具来帮助自己进行深入思考。将所有的线索记下来，整理出不同的要点，形成一个相对完整的思维体系，这对帮助我们积极思考具有重大意义。最后，遇到问题要善于追问，多问为什么，从多个角度积极进行思考，帮助自己加深对问题的理解，并主动寻找解决问题的办法，这样在长时间的锻炼之下，就能逐渐养成深入思考的习惯，帮助男孩更好地成长。

灵活思考，善变则通

著名的心理学家吉尔福特说过："人的创造力主要依靠发散思维，它是创造思维的主要部分。"

人的大脑在思考问题时，具有能迅速、轻易地将某类对象转移到另一类与之相差甚远的对象上去的能力，这就说明人的思维具有灵活性这一特点。凡是有所作为的人，除了在专业上有很高的造诣外，往往还表现出思路开阔、灵活多变。而一个思想呆滞的人，尽管也会有一定知识的积累，却很难进行创作或者变通。例如，科学家凭借思维的灵活性，在科学史上创造了不少奇迹。正是因为他们的思维极其灵活，所以他们才能够有许多常人意想不到的发现与收获。

学会灵活思考问题，对于我们的生活具有重要的意义，对于男孩而言更是如此。善于灵活思考，有助于遇到问题时思维能够迅速而灵活地向着多个角度和层次发散开来，从现有的条件和信息中找到多个新颖且实用的解决问题的方法，对我们的学习和生活具有非常重要的意义和作用。

☆☆☆

雷内克是法国一名著名的医生。有一年，他在巴黎为一位贵族小姐看病，在详细询问了病人的病情后，雷内克医生怀疑她患的是心脏病。因为对方是一位年轻的贵族小姐，所以他不能贸然地要求进一步检查，但如果不听一听这位小姐的心脏跳动，他又不能确定病情。

雷内克医生十分苦恼，说出自己的诊断后，贵族小姐果然拒绝了他用耳朵听心跳的请求。

这可怎么办呢?

正在雷内克苦苦思索的时候，窗外响起了一阵孩子的欢呼声。他走到窗边一看，原来是几个孩子正在院子里玩耍。一个孩子拿着木棍在一棵树的一头敲打，另一个孩子在树的另外一头倾听。

他就想，这样能听到声音吗?

却听院子里的孩子大声喊起来："听到了，我听到了，声音好大。"

声音很大?

雷内克突然激动起来，他请贵族小姐拿来一张纸，然后将纸紧紧地卷成一个圆筒。他将纸圆筒的一头贴在小姐的胸部，另一头贴在自己的耳朵上。此时小姐的心跳可以清楚地听见了，比把耳朵直接贴在胸部听得还清楚。

☆☆☆

雷内克医生为了更准确地判断病情，开动脑筋，灵活思考，终于受到一群玩耍的小朋友的启发，运用纸筒完成了诊断。其实，生活中很多看似很难解决的问题都可以通过灵活思考发现巧妙的解决问题的方法。

要培养灵活思考的能力，就要求男孩能够打破思维定式，改变以往单一或者固定的思维方式，能够运用联想、想象、猜想、推想等多种方式尽量拓宽自己的思路，从问题的不同角度、不同方面、不同层次，运用或顺向，或逆向，或纵向，或横向不同的思考方式，积极寻找解决问题的方法。

☆☆☆

1881年7月，美国总统时任詹姆斯·加菲尔德在华盛顿车站遇刺，身受重伤，急需进行手术。7月正是天气炎热的时候，医生赶到后说："这样的天气我不敢保证手术会成功进行，除非能把温度降到30℃以下。"

当时的科技手段还无法做到改变温度，于是事件陷入了僵局。

这时候，美国政府找到了一位名叫谢多的工程师，把这项艰巨的任务交给了他。但是谢多并没有这方面的经验，不知道除了找大量的冰块放进手术室，还能有什么方法来解决这一难题。

但事关总统的生命安全，谢多只能硬着头皮上了。

谢多是一位善于思考的工程师，他突然想到自己曾经在矿山工作过，在矿山中经常需要稀释空气，从而降低煤矿巷道内的瓦斯浓度，保证安全。他想，既然空气经过压缩之后会释放热量，那么压缩后的空气恢复到原来的正常状态，是不是也会吸收热量呢？

想到这一点，谢多开始动手做试验，很快就发现他的猜测是成立的，把压缩的空气还原的确可以使周围的空气冷却。

于是，谢多给总统的病房安装了一个压缩空气并还原的机器，顺利地使室内气温降到了20℃，满足了医生做手术的条件。

☆☆☆

故事中的谢多工程师在困难面前临危不乱，能够根据自己以往的工作经验，通过灵活思考，顺利完成任务，拯救了总统的生命。那么作为男孩，如何培养自己灵活思考的思维习惯呢？

首先，要善于发现。男孩应该让自己拥有一双善于发现的眼睛，发现生活中存在的问题，发现错综复杂的事物之间的联系，这样才能在面临问题时迅速找到可以变通的关键所在。其次，要勤于思考，大胆尝试。有了想法却不敢大胆尝试，怎么能得知它的真实性呢？因此作为男孩，在勤于思考的基础上还要大胆尝试，这样才能锻炼自己的头脑，养成灵活思考的习惯。

经验和反思，让男孩快速成长

经验是无数“过来人”在生活中经历成功与失败之后总结出来的。这些经验对于没有经验的年轻人来说是无比宝贵的。中国有句俗语：“不听老人言，吃亏在眼前。”说的就是这个道理，但其实生活中不少孩子并不愿意接受别人的“经验之谈”，而是更愿意用自己的方式在生活中尝试和体验。当然，自己走过的路总结出来的经验，对男孩而言，具有更加明显和重要的意义。

汉弗莱·B·尼尔说：“当所有人想得都一样时，可能每个人都错了。” 经验在大多数时候都是有用的，但是也会有出错的时候。这就要求男孩必须具有反思能力，对自己做的事情多进行反思，对自己的想法也要多进行反思。在反思的过程中，也可以有不同的收获和体会。

☆☆☆

在伦敦曾经举行过一次盛大的除尘表演。来自各个地方的人们带着他们的“除尘器”来参加这次表演。很多伦敦市民也兴冲冲地赶来观看。

本来这是一件很好的事情，能让人们对科技多一些了解，但当所有的“除尘器”打开开关时，气氛马上就变了。

原来，“除尘器”就是让机器产生风，用风把空气中的灰尘吹走，但吹来吹去，这些灰尘全吹到了观众的身上，大家瞬间变得灰头土脸了。

人们乘兴而来，却败兴而归，大家对“除尘器”的印象变差了很多。

但是，有个叫布斯的人却在回家后开始反思这件事，他想吹尘不行，那能不能吸尘呢？

于是，布斯就拿来一个手帕，用手帕蒙住自己的嘴和鼻子，趴在地上用嘴使劲吸气，结果灰尘不再到处飞扬，而被吸附在手帕上。

后来人们根据布斯的这个设想，制造出了吸尘器。

☆☆☆

勤于思考的布斯在别人失败的基础上进行反思和尝试，终于得到新的启示。而人们根据他的设想终于发明出了吸尘器。这就说明在问题面前只有进行不断地反思和更加深入的思考，才能解决不断出现的问题，最终取得成功。

古语有云：“吾日三省吾身，为人谋不忠乎？与朋友交不信乎？传不习乎？”古时的君子将反省列为君子必备的品德之一，由此可见学会反思对一个人的成才和成长具有非常重要的意义。诚然，一个不会反思的人永远都意识不到自己的问题，从而无法改掉自己的不良习惯，自然也就不会取得进步。

同样，一个不会总结经验的人，自然也无法迅速走向成功。一个人的经验与阅历对其成长具有非常重要的影响，能够避免一个人在同一地方再次被绊倒。作为男孩，一定要及时总结经验，这样才能迅速成熟和成长。但是，也要注意不能被经验之谈束缚自己的思维，从而失去独立思考的能力。

☆☆☆

伽利略在年轻的时候，不管做什么事，都喜欢思考，还喜欢反思和质疑，只要是想不通的事情，都会多想一想并亲自去试一试。

当时，亚里士多德有一个经典理论——如果把两件东西从空中扔下，必定是重的先落地，轻的后落地。

年轻的伽利略对这个理论提出了质疑，他认为不管是轻的还是重的，当它们从高空落下时，会同时落地。

可是在那个时候，亚里士多德的理论被奉为金科玉律，自然没有人相信伽利略的话，伽利略决定在比萨斜塔上当众做一次试验，让人们眼见为实。虽然他的决定引起了很多人的不满，但试验还是如期举行了。

试验当天，伽利略一个人站在比萨斜塔上，他左手拿一个铁球，右手拿重十倍的一个铁球，两手同时撒开，只见两只球从空中落下，齐头并进，眨眼之间，“咣当”一声，同时落地。

事实证明，伽利略是对的，但在这之前，没有一个人是相信他的。而伽利略一直信奉，前人的经验和教训要尊重，但更要学会自己积累经验和学会反思，不去盲目信从。

☆☆☆

伽利略对前人的经验教训并不盲从，而是通过自己的思考和实践对其提出合理质疑，并最终证明自己的想法是正确的。在生活中，作为男孩，必须要有分辨的能力，不能在经验面前盲目服从。那么如何在经验和反思之中取得进步、快速成长呢？这里有几点建议。

首先，做任何事都不能忘记“前车之鉴”。作为男孩，做事之前要多寻找同类案例，并从结果中分析利弊，多方考虑之后再做决定。其次，要善于事后总结。每做完一件事，都要总结经验，找到自己做得好的地方，以后继续利用。也要找到自己的不足之处，下次避免犯同样的错误。最后要注意的是，“尽信书不如无书”，对于前人的经验也是如此。既要尊重经验，也不能盲从，而是具体问题具体分析，通过实践找到最合适的解决方法。

想象力比知识更重要

爱因斯坦曾经说过：“想象力比知识更重要，因为知识是有限的，而想象力概括着世界的一切，推动着进步，并且是知识进化的源泉。严格地说，想象力是科学研究中的实在因素。”

正如爱因斯坦所言，想象力是整个人类得以繁衍发展的重要动力。正是因为人类幻想可以如小鸟般自由飞翔，人类才有了飞机、飞船等重要发明；正是因为人类幻想生活可以更加便捷简单，才有了各种家电设备甚至智能机器人的出现。想象力如同一双飞翔的翅膀，它的强弱直接决定着一个人飞翔的高度和距离。因此想象力是一个男孩取得成功的必备因素。

然而在生活中，我们大多数人的想象力却被各种因素限制，甚至早早被扼杀。作为男孩，要注意培养自己的想象力，让自己利用想象的翅膀飞向更加广阔的天空。

☆☆☆

一所中学的一个班级正在上美术课，老师在黑板上出了两个命题，分别让同学们以花和草作画。

同学们很快就完成了老师布置的任务。老师一一看过，发现这个班的同学画技都不错，大部分同学画得栩栩如生，十分惊喜。

接下来，老师又布置了一个任务，这回是非命题任务，随便同学们画什么都可以。

这下同学们都愣住了，完全不知道该画什么了。不一会儿，有个同学小声说："看，屋顶趴着只壁虎。"

"对对，我们画壁虎吧。"

于是，大家都画起了壁虎。

老师看着同学们交上来的一幅又一幅的壁虎画，却怎么也高兴不起来。

他对同学们说："你们可以发挥你们的想象，不一定要看到实物才能画画啊。"

同学们却连连摇头，纷纷表示没有命题或者是看不到东西，他们是真的不知道要画什么。

☆☆☆

故事中的同学们在做命题作业时都可以发挥得非常好，但是当被要求发挥自己的想象力时，就纷纷不知所措了。这是因为他们在生活和学习中习惯了被"命题"，而不擅长运用自己的想象力。这也是当代教育的弊端之一，过早扼杀了学生们的想象力。

提高想象力对一个人的生活具有重要的意义。想象力关系着一个人生活的方方面面，是人类不可缺少的一种智能，也是生活中不可缺少的智慧。哲学家狄德罗曾说过："想象，这是一种特质。没有它，一个人既不能成为诗人，也不能成为哲学家、有思想的人、一个有理性的生物、一个真正的人。”

☆☆☆

有一名青年大学毕业后一直找不到合适的工作，失意的他接受了朋友的邀请，一起去了夏威夷旅行。

他沐浴在夏威夷海滩的阳光下，享受着难得的好心情，很快就把找不到工作的郁闷抛之脑后。

他一边玩，一边和很多旅游者一样，用手机记录下自己的足迹，或者是和远方的朋友聊天，让他们也能感受到夏威夷海岸带来的热情。

很快，这名青年就把手机电量用光了，需要及时给手机充电。但是海滩上并没有能为手机充电的设备，要充电，必须赶回停车场才行。这样一来一回，很多人游玩的好心情也随之被破坏了。

难道就不能有一种可以在海滩上充电的设备吗？这名青年陷入了沉思。

长时间待在户外，夏威夷海滩刺眼的阳光让他有些不适，青年决定回到住处休息一会儿，一边走，他还一边在想手机充电的问题。突然，他看着海滩上的阳光心中暗道：现在太阳能技术这么发达，这么充足的阳光不利用起来真是可惜了。

“对啊，我为什么不设计一款能随身携带的太阳能充电器呢。”青年十分激动，回到住处立刻在网上购买了一款太阳能充电器，并把它缝到背包上。这样，他就可以背着太阳能充电器任意活动，而不用担心没办法充电了。

之后，他还把这种“太阳能背包”拿到一个旅行网站上出售，没想到这款背包竟吸引了众多购买者。

看到商机的青年很快创立了自己的公司，专门生产销售这种太阳能背包，这个青年就是罗尔斯，一个把阳光加入想象中的人。

☆☆☆

罗尔斯的想象力为他带来了事业和成功，由此也证明了想象力的重要性。在快速发展的今天，许多新兴的产业也是依托于人类伟大的想象力产生的，而许多职业也要求从业者必须具有足够的想象力。因此，培养一个人的想象力具有非常重要的现实意义。

作为男孩，要培养自己的想象力，首先，必须积累丰富的知识和生活经验；其次，要保持和发展自己的好奇心，要对身边的事物多观察和多思考；最后，要善于捕捉创造性想象和创造性思维产生的火花，并进行思维加工，使之变成有实际意义或价值的事物。培养想象力最好的方式就是保持童心，所以要像小孩子一样观察整个世界，这样才能有意想不到的收获。

思考问题，要有自己的见解

一个人在思考问题时，一定要有自己的见解，也就是说人必须具备独立思考的能力。只有这样，才能有独立的思想和人格，也只有这样，一个人才能称之为独立的人。

作为一个男孩，独立思考的能力尤为重要。在面对问题时，男孩要有自己的思考方式，要针对问题能提出自己的见解和看法，并在解决问题时，能够根据自己的思考成果来应对，而不是轻易被他人的意见所左右。

当然，兼听则明。任何人都不能闭门造车，完全不听取别人的意见，这样对自己的发展是不利的。在关键选择中，男孩更要自己思考和分析，而不是盲目或全盘听取别人的意见。

☆☆☆

申鹏是一名六年级的学生。

今天，老师正在课堂上讲解上一次考试的内容，一一说了一些简单问题的答案，并让同学们把疑问的地方标记出来，课下单独问同学或者老师。

申鹏听得很认真。不一会儿，老师就讲到了后面的应用大题，这里正是申鹏错误出现比较多的地方。

虽然申鹏算对了这道题的答案，但解答的过程好像出现了问题，所以老师并没有给他满分。

申鹏认真地看着老师的解答过程，结果和自己算出来的一模一样。为什么他的解答过程不正确呢？他觉得自己的思路也很有道理。

申鹏一听到下课铃声响，就跑到了老师面前，把自己的试卷和做题思路讲了一遍。

老师笑着说道："你的思路也可以算正确，但你在解答的过程中用错了一个公式，所以才没有得满分。"

"对不起，以后我不会乱问问题了。"申鹏羞愧地低下了头。

老师却摇头说："你这样很好，做任何事情都要这样，要有自己的思路和见解，不能老师说什么就是什么，老师也有出错的时候啊。"

申鹏这才笑了起来，连连点头。

☆☆☆

故事中的申鹏在做题的过程中出现了失误，但是他能够积极进行思考，寻找自己的失误，并及时向老师提出问题，说出自己的见解。尽管最终问题出在自己身上，但是他独立思考的做法依然值得所有人学习。而通过老师的讲解，申鹏对问题的理解也更加透彻，自然不会再犯同样的错误，这对他的成长是非常有利的。

我们会发现那些聪明且强大的人在问题面前总是游刃有余。他们善于思考，总是能提出自己独特的见解。他们很少人云亦云，也不会随波逐流。正是在坚持独立思考之下，他们才能与众不同，取得非凡的成就。

☆☆☆

今天亮亮上了一节科学实验课，学了很多有趣的知识。快要下课的时候，实验课老师突然问同学们："一个装满水的杯子，再放进别的东西，水会漫出来，如果放条小金鱼就不会，这是为什么呢？"

"因为鱼把水喝到肚子里了啊。"有同学回答。

"不对，肯定是因为鱼是活的，它把水吸到自己的鳞片里了。"另一个同学说。

亮亮却觉得老师说错了，"老师，水肯定会漫出来的，放什么东西进去都会漫出来的。"

"嘿！老师说的能有错吗？"他的同桌大笑道。

老师也说："老师是不会骗你们的，这是今天的家庭作业，明天请把你们的答案告诉老师。"

带着这个疑问，亮亮回到了家，怎么想也想不通，干脆请求妈妈给他买一条小金鱼回来。

"我一定要证明老师说的是错误的。"他想。

实验结果证明，老师说的确实是错误的，亮亮刚把小金鱼放进盛满水的杯子，水就漫了出来。

第二天，他气冲冲地质问老师为什么要撒谎骗人。

老师却没有生气，而是夸赞了他一番，然后说："我骗你们是要让你们知道，有时候大人说的话也不一定是对的。"

☆☆☆

故事中的老师故意给了学生们一个错误的作业，但是有的同学却认为老师是对的，并不去提出质疑，也不会用实践来证明。但是亮亮却提出了不同的意见，并坚持认为自己是对的。经过实践，他果然证明了老师的错误。由此可以看出，人云亦云未必是正确的，而坚持自己的想法，并积极论证，才是最保险的举措。

如何在思考问题时保持独立思考，有自己的见解呢？这里有几点建议。

首先，要学会自我肯定，保持自信。其次，要积极表达自己的想法。有的人出于羞怯不敢在众人面前说出自己的想法，而是将想法埋藏在心里，这样或许永远都无法得到真实的答案。因此作为男孩，要敢于说出自己的想法，即使错了也没关系。最后，要具有质疑精神，要带着批判的眼光看待一切，寻找其中的问题，并积极动手证明自己的想法。

第十章

善于自我控制才能成为强者

——男孩要养成自律的好习惯

自律就是进行自我控制，勇敢地去做自己应该做、也必须做的事情。自律是成功人士必备的一种习惯，可以使人正确地认识自我、战胜自我，从而变得更加强大。一个自律的人从不放纵自己的懒惰，也不放弃自己的理想，而且经常反省自己、完善自己，这样的人更容易养成高贵的品质，创造非凡的成就。所以男孩要努力培养自律的习惯，让自己成为强者。

摆脱懒惰：男子汉不能放纵自己的惰性

美国政治家富兰克林曾说：“懒惰像生锈一样，比操劳更能消耗身体。”可见，懒惰对人的身心危害很大。正值青春年少的男孩，如果一味放纵自己的惰性，其意志就会被慢慢消磨，从而沉迷于安乐的环境中，不思进取。日常生活中，每个男孩都有不想做的事情，有的人能克制懒惰，努力去实践，有的人则放纵惰性，整日无所事事。假以时日，他们之间的差距就会越来越大。

☆☆☆

有个懒孩子，能坐着绝不站着，能躺着绝不坐着。他经常幻想只要躺在床上喊一声，他想吃的、想用的，就会自己出现，这样，他什么都不用做，就能实现各种愿望了。

有一个神仙知道了懒孩子的事情，就来找他，对他说：“我能实现你的梦想，你真的想躺在床上就能做任何事情吗？”

“当然！”懒孩子重重地点点头说道。

“好的，我会实现你的愿望的。”说完，神仙就消失不见了，懒孩子以为他只是个骗子，就没放在心上。

放学回家后，懒孩子把书包一扔就躺到床上，想着：如果我不用写作业就好了。

下一刻，神奇的事情发生了，书包自动打开，作业本和铅笔自己动了起来，直到所有的作业完成才恢复原样。

懒孩子拿起作业本一看，所有的作业真的完成了。

“太棒了。”懒孩子又觉得肚子饿了，便想着，要是现在能吃到汉堡包就好了。刚这样想，突然有个东西出现在他面前，正是他想吃的汉堡包。

懒孩子吓了一跳，他想：看来神仙没有骗他。他真的不用做任何事，就能实现所有的愿望了。

从那以后，懒孩子不再学习，不再出门，变得越来越胖，也越来越笨了。

☆☆☆

故事中的懒孩子放纵自己的惰性，结果越来越胖、越来越笨拙，对于中学时期的男孩，这是很不可取的。

懒惰包括思想方面和行动方面。思想懒惰的人总是把事情推到明天做，殊不知明日复明日，明日何其多？例如有的男孩，每次写作业时都以各种理由放慢速度，边写边玩，到半夜也没有完成作业，然后就把这项任务拖到第二天。可是第二天还有其他的事情要做，这样一推再推，学习成绩当然不理想。

懒惰的人喜欢依赖他人。无论是思考还是参加集体活动，都希望别人先把事情做好，自己等着收获成果。头脑越思考才越灵活，长期依赖他人，自己不主动思考，就会变得越来越迟钝。

思想懒惰的男孩，行动上也会懒散。明明有很多事情要做，但受懒惰思想的影响，行动起来就会迟缓、拖拉，不积极、不主动，效率低下。

懒惰会给男孩的身心造成很大危害，不但影响心情、学习成绩，还会诱发疾病，例如抑郁症等。因此，男孩一定要克服惰性，减少懒惰给自身带来的危害，保证身心健康。

☆☆☆

阿灿是个聪明帅气的男孩子，学校和社区里的很多人都喜欢他。但是阿灿有一个不好的习惯，那就是懒惰。只要一放假，阿灿就喜欢待在家里，学校布置的作业和父母交给他的任务他也总是拖到最后才去做，经常手忙脚乱还错误百出。

阿灿的邻居是和他同一个班的吴亮，吴亮小时候不如阿灿聪明，做事也不如阿灿快，可随着年龄的增长，那个笨笨的吴亮竟然成了大家眼中的“小楷模”，阿灿十分羡慕。

这一天又是周末，阿灿和吴亮一起回家，路上忍不住问他：“小亮，你是怎么让自己变得这么聪明和优秀的呢？”

吴亮有些羞涩地回答道：“我根本没有变聪明啊，只是我总是告诫自己，自己比别人笨，不能偷懒。”

“我想，这就是人们所说的‘勤能补拙’吧”吴亮说。

“原来是这样啊。”阿灿若有所思，他最近好像真的越来越懒惰了，好几次作业都差点不能按时完成呢！

“我在一本书上看到过一句话‘人不能在年轻的时候太放纵自己，自律的人才会成功’。”吴亮接着说。

“没想到你还知道这么深奥的道理。”阿灿这样说着，心里暗暗发誓：我也要摆脱懒惰，成为别人眼中的模范生。

☆☆☆

懒惰是男孩成功路上的绊脚石，在荆棘遍布的人生道路上，只有积极上进、刻苦勤奋，才更有可能获得成功。所以，男孩一定要克制惰性，摆脱懒惰的坏习惯。

勿以善小而不为，想摆脱懒惰的坏习惯，先从小事做起。无论事情多小，都要立刻去完成，不能耽搁，例如按时作息、做家务、做值日等。长期坚持，不但能够改善惰性，还能锻炼意志力。

要想改掉懒惰的习惯，就要先制订一个科学、可行的计划表，把每天要做的事情计划好，然后强制自己按照计划表一件一件地完成。这份计划表最好是一周或者一个月的，然后不断改善、循环实践，因为改掉坏习惯不是一朝一夕的事情。

一般情况下，懒惰的男孩自制力普遍不强，所以最好找一个人来监督自己，这个人可以是父母、朋友、同学等。有了监督人，男孩在摆脱懒惰的过程中也会更加顺利。

“慎独”是自律的最高境界

“慎独”出自《礼记·中庸》，原文是：“莫见乎隐，莫显乎微，故君子慎其独也。”什么是慎独？说简单点，就是谨慎独处，在没有人看见或者监督的时候，也可以严格要求自己，慎重行事。同时保持清醒，不做任何违背社会道德和法律法规的事情。所以人们常说“慎独”是自律的最高境界。想成为强者，男孩就要学会自律，不断完善自己，达到“慎独”的境界。

☆☆☆

在《后汉书·杨震传》中有这样一则故事：

时任东莱太守的杨震有一次经过昌邑，这里的县令王密是被他推荐过来的。

王密十分感激杨震的知遇之恩，想送点什么表示一下自己的谢意，但是大白天的送东西又怕对杨震不好，所以就在夜深人静之时偷偷来见杨震。

王密悄悄带了十斤黄金想送给杨震。

杨震却说："不可。"

王密说："暮夜无知。"

杨震却义正词严地说："天知，神知，我知，你知，怎么能说没有人知道呢！"

王密一听，羞愧难当，连忙带着十斤黄金离开了。

☆☆☆

故事中的杨震，即便在没有第三人得知的情况下，也能够抵挡诱惑，廉洁自律，让同为官僚的王密羞愧不已。其实，一些隐蔽的事情最能体现男孩的品质，一些微小的事情更能看出男孩的灵魂。一个有道德、能自律的男孩，即使在独处的时候，也不会做出任何越规矩的事。

在日常生活中，经常出现这样的情况：在公众面前，很多人都很讲卫生，一旦离开大家的监督，就乱扔垃圾、破坏环境；过马路时，有警察指挥就严格遵守交通规则，反之则闯红灯、逆行等；在熟悉的集体环境中或者重要的场合，总能做到文明礼貌，但在陌生的环境下则不顾及形象，不遵守社会公德。可见，在无人监督的情况下，恪守"慎独"是多么重要。

☆☆☆

有一名穷秀才进京赶考。

半路上他的盘缠就用光了，只能靠他人救济，眼看着就要到达京城了。

这一天，秀才走到一片山林，他身上唯一的干粮也吃光了，又饥又渴。

有几个路过的村民看到落难的秀才，就指着不远处的山说道："秀才，你再坚持走几步路，前面有一片桃林，现在正是桃子成熟的季节，你过去摘几个桃子吃吧。"

秀才连连摇头说："不行，我不能摘桃子吃。"

"为什么啊？"村民不解。

秀才说："桃李无主，我心有主。"

虽然秀才十分想吃一个大桃子来充饥，但桃林或许是有主人的，他不能不问而取，这是盗贼才会有的行为。

走到那片桃林时，秀才咽了咽口水，便低头匆匆穿过了桃林。

☆☆☆

故事中的秀才，即便在饥渴难耐的情况下，也没有偷吃桃林的桃子，真正做到了"君子慎独"。男孩如何做才可以达到"慎独"的境界呢？

首先，要提升自己的道德修养，并持之以恒地践行道德规范，不越雷池一步。做一件好事不难，但做一辈子的好事是相当困难的。男孩想成为强者，就要努力提高自己的内在素养，让自律成为习惯，伴随自己一生。

此外，男孩想达到"慎独"的境界，还要懂得"自觉"，即不断反省自我、修正自我、完善自我。曾子曾说："吾日三省吾身。"法国哲学家爱尔维修也说过："我经常在晚上发现，自己早上以为满不坏，因而自视甚高的看法，其实是错的。"这就告诉男孩，生活中要自己监督自己，改正不足，努力达到"慎独"的自律能力。自我反省是男孩净化心灵的一种方式，每一次自我反省，都是一次自我提升，能够帮助男孩了解自我、完善自我，能不能断激励、鞭策男孩进步，让男孩不断强大。

“慎独”应该是每个人都努力践行的习惯，无论身在何处，面对何人，都应该恪守自律。“慎独”的境界体现在生活中点点滴滴的小事上，所以古人说“勿以善小而不为，勿以恶小而为之”。男孩想做到“慎独”，就要从小保持自觉，对待任何小事都认真、谨慎，不让自己做出格的事情。

此外，要想达到“慎独”的境界，男孩还要懂得自爱，尊重和保护自己的人格，做到坦坦荡荡。一个自爱的男孩，即便是在没有人监督的情况下，也会重视自己的所想、所为。一个懂得自爱的男孩，会从生活中的点滴做起，在“无人见处”不断努力奋斗，克制自我、完善自我，最终达到“慎独”的境界，成为一个强者。

一个慎独的男孩，能够做到言行一致，坦坦荡荡，光明磊落，这样的男孩就很少出现猜忌、愧疚的情况，内心也会更阳光、更快乐。

坚持是成功的秘诀之一

在做一件事之前，很多人的起跑线都是一样的，但最后成功者只有少数人。这些成功的人并不一定比别人聪明，却一直在坚持。古人说：“骐骥一跃，不能十步；驽马十驾，功在不舍。”这就是说，成功的秘诀在于持之以恒。

在日常生活中，男孩可以扪心自问，自己是否坚持运动？是否坚持看书？是否坚持健康作息？如果没有，那就要思考，如何才能做到坚持不懈。其实，坚持源于自律。一个自律的人，会坚持做该做的事情，直到取得成功。所以，成功是用长期的自我约束、有目的规划、坚持不懈地实践换来的。

☆☆☆

这一天，吴雷班级的家庭作业是做一件手工作品。

回到家后，吴雷想来想去，决定做一张生日卡片，又漂亮又简单。

吴雷找好所有的材料，开始做卡片。可他发现裁好的卡片和彩色纸的尺寸不符合，如果想要继续做下去，就得重新裁一次卡片。他觉得卡片太硬了，很难裁，就敷衍着把彩色纸贴在了卡片上。

彩色纸贴好了，上颜色时却出了问题。

原来，刚贴好的彩色纸还有些湿，皱巴巴的很难看。上颜色时，如果太用力，就会把彩色纸划破。“真麻烦！”吴雷现在一点也不想做生日卡片了。

“要不然画幅画吧？”吴雷心想：可是一幅画算是手工作品吗？

他看着书桌上的半成品生日卡片，叹气道：“算了，就这样吧！”然后随意在卡片上写了几个字就算完成了。

就这样，第二天吴雷拿着这个“丢人”的卡片去了学校，虽然老师没有批评他的作品，但看到其他同学的精美手工作品，他又羡慕又羞愧。

☆☆☆

故事中的吴雷在遇到困难后，没有坚持最初的热情，而是随意应付了事。当他看到同学们精美的手工作品时，内心既羡慕又羞愧。美国前总统Calvin Coolidge曾说：“世上没有什么东西能够代替坚持，才华不能代替它，那些有才华的人不能成功的实例太常见了；天赋不能代替它，‘没有回报的天赋’都快成一个俗语了；接受教育也不能代替它，世界上到处都是接受过教育而不得志的人……”可见，坚持不懈是一种可贵的品质，也是成功者必备的习惯。

伟大的事业往往成于坚持，毁于放弃。所以，想成为品学兼优、前途无量的人，男孩就要自律，养成做事坚持不懈的好习惯，一步步向成功靠近。当然，坚持也要有所选择，对于该做的事情，就要毫不犹豫地坚持实践；错误的或者不适合自己的事情，则可以适当地放弃。

☆☆☆

小刚从小就喜欢画画，于是就央求父母帮他报了一个美术班，他也一直画得很认真。但是上初中之后，小刚又爱上了踢球，想去学踢球，和同学们打比赛。

父母知道他的想法后，就问他：“那你还学画画吗？”

“不学了，我要学踢球，哪还有时间去学画画？”小刚说完还跑回房间，把所有画画的东西都搬了出去，让父母处理掉。

“但是这半年的学费已经交了，还是你催着我们交的呢。”父母也没有训斥他，只是讲出了事实。

小刚一听这个，马上心虚起来。“那怎么办呢？”他不安地问。

“你真的不喜欢画画了吗？”妈妈问他。

“不是啊。”小刚说：“我还是很喜欢画画的，只是男孩子不是也要会踢球吗？”

“既然这样，那你就继续学画画吧，毕竟这是你要求学的，是你该做的事情，你就要坚持下去。”爸爸说，“当然，学画画之余你也可以抽空学踢球，这两件事不冲突。”

小刚高兴地连连点头。从那以后，他边学画画边抽时间学踢球，画画水平得到提高，球也会踢了。

☆☆☆

故事中的小刚在父母的帮助下，坚持了最初的兴趣，认真学习画画，取得了大幅进步。坚持能够让男孩收获进步和成功。在日常生活中，男孩如何才能养成坚持不懈的好习惯呢？

目标能够为我们的人生道路指明方向，也是坚持的原始动力。唐玄奘能够徒步几万里，用十几年的时间到达天竺取得真经，是因为他有普度众生的目标。日常生活中，很多人的激情都来源于对目标的追求：有的人为成就一番大事业而坚持，有的人为取得一点小成绩而坚持，有的人为幸福生活而坚持。无论目标是什么，也不论目标是大是小，只要有目标，我们就有坚持前行的动力。所以，男孩想养成坚持不懈的习惯，首先要树立一个目标，作为自己前行的动力。

有了目标后，还要实事求是地去实践，不能好高骛远。比如一个成绩平平的学生，希望半年内成为全校第一名；一个体形偏胖的学生，希望一个月减掉30斤等，这些目标是很难实现的。所以，想坚持不懈地实现目标，就要根据自身的情况制订合理的计划，一步步脚踏实地，稳扎稳打。

此外，坚持贵在专注。很多男孩做事坚持不下来，是因为有太多事分散他的注意力。每个人的精力都是有限的，如果有太多事需要做，步调就会被打乱，也很难坚持下来。所以，如果男孩想坚持完成一件事，就要更加专注，集中精力。

寻找同伴的帮助，也能促进男孩坚持完成一件事。坊间有这样一句话："要想走得快，你就一个人走；要想走得远，那就一群人一起走。"所以，男孩可以找几位志同道合的朋友一起做事，相互帮助和鼓励，共同坚持走向成功。

为自己制订一个计划

善于自我控制的男孩更容易取得成功，但在日常生活中，并非每个男孩都能控制好自我，排除各种干扰，实现人生目标。很多成功人士都表示：成功=自律+计划。自律会让人离成功更近一步，而计划能够强化自律，增加实现目标的可能性。所以，想成为强者，男孩就要养成自律的习惯，并制订计划，排除各种干扰，一步步向目标前进。

☆☆☆

有一个小男孩想要变成一个出色的人，所以他发愤图强，恨不得把所有的时间都用在埋头学习上。不久之后，大家都知道了这个只知道读书的男孩，背地里叫他"书呆子"。

有一天，新搬来的一个邻居找到男孩，笑道："假如再让我回到你这个年纪，我干的事就大不一样了！那样我也许会成为最优秀的人吧。"

这句话深深触动了男孩的心灵。

他想了想，拿出一本日记本，在上面写道："除了读书，我还能做些什么？"

之后几天，男孩把自己能想到的计划和梦想全都记在了日记本上，他决定不再死读书了，要有一定的计划，并按照这些计划来安排人生。

在计划中，有继续学习的，有增加阅历的，有出去旅游的，也有品性和习惯方面的。

为了实现这些计划，男孩还在日记本上列出了周计划和月计划。

从那以后，他开始做各种准备，先从小计划入手，每完成一项计划，他就会在日记本上画个勾。坚持很多年后，他真的成了一个出色的人。

☆☆☆

故事中的小男孩抛弃死读书的方式，合理地制订计划，并严格执行计划上的内容，最终成为一位强者。可见，有计划的自律对男孩的成长和成功十分重要。

自律就是用理想恰当地进行自我约束，自我约束的最好方式就是制订计划。想养成自律的好习惯，逐步实现人生目标，首先要把计划写下来，让其可视化，这一过程也是男孩对计划的内容予以认可的过程。当内心的想法、计划被制订下来时，男孩在实践的过程中就不会轻易受心境的影响，而是稳定地按照计划执行。起初，很多人会不习惯这种自我约束的感觉，甚至感到疲惫，但当一部分计划的内容完成后，大家就能感受到自己对时间和生活的掌控，从而产生成就感，也会觉得更放松。

有了计划，男孩就更容易养成自律的习惯。首先，制订当天的计划，一个星期的计划，甚至一个月的计划，一年的计划；然后，严格律己，脚踏实地地逐步完成。当自律成为习惯后，男孩就不会觉得受约束，反而能体会到真正的自由。

☆☆☆

有一个人从小喜欢读书，考上中学后，他就开始尝试写一些短中篇的故事，梦想自己有朝一日能成为一名作家。

他不停地进行创作，可是投到出版社和报社的文章却没有一篇被刊载过。他有很多次都想放弃自己的梦想。

有一次，他的稿件又被退了回来，虽然很失望，但这个人还是大胆地找到了出版社的主编，问他："这篇文章请您看一下好吗？"

主编认真地看了一遍文章，说："你是这篇文章的作者？"

"是的，您觉得怎么样？"这个人看到了希望，觉得主编可能会看上他的文章。

没想到主编却把文章递回他的手中，笑着说："你应该看了不少的书，但写得还是太稚嫩，如果你真的喜欢写作，不妨做一些计划，先不着急创作成型的作品，慢慢地从写一句话，一段文字开始吧。"

这个人虽然深受打击，但他还是听进了主编的话，也觉得自己此刻的文学积累还不是很扎实，于是开始为自己的写作之路做计划。

很久之后，他又开始尝试着写成篇的文章，并把文章投到了杂志社，不久杂志社就刊登了这篇作品。他非常兴奋，对自己的写作之路也越来越有信心了。

☆☆☆

故事中的男孩通过制订计划，不断提升自己的写作水平，最终他的作品登上了杂志，他对自己的写作之路也更有信心。有计划的自律很重要，但什么样的计划才能助力男孩养成自律的习惯，实现目标呢？

有人以为，自律就应该把时间排满，分秒必争。其实不然，坊间有这样一句话："在经济上没有'余闲'的是穷人，在时间上没有'余闲'的是盲目做事的人。"简言之，如果每天都把计划表排得很满，不留一点空余时间，那么生活节奏很容易被突发事件打乱。如此一来，自律就会成为生活中的压力和束缚，让男孩陷入忙乱之中。所以，有计划的自律，应该充分考虑自己的日常需求，既不过于清闲，也不至于太疲惫，让自己过得充实而满足。

制订计划最好以一个月为时限，因为太短会让男孩缺乏成就感，太长则容易让男孩觉得疲惫。一个月的自律计划，能够很好地培养和锻炼男孩的自律能力。

计划制订好之后，有时会被一些情况打乱，例如不良情绪、突发事件等。这时，男孩要调整好心态，主动对计划进行调整，让自己能够坚持下去。

一个月的时间，不长也不短，当男孩觉得很难坚持下去时，可以做一些事情来鼓励自己，例如每周看一场电影，做一次短途旅行等。适当地给神经放放假，更有利于自律习惯的养成。

男子汉要学会自我监督

在很大程度上，一个人的成功来源于自己对自己的反思和监督。"监督是管理过程持续最长的一种功能，因为它是在执行决策的全部过程中实现的。"苏联作家阿法纳西耶夫曾这样说过。的确，监督可以贯穿在做某一件事的全过程中，是长期甚至终生的行为。别人监督是一方面，更重要的是自我监督。作为男孩，必须学会自我监督，这样才能真正走向成熟。

日本作曲家、钢琴家、歌手久石让也说过：“尽力保持另一个自我，让自己能够客观地监督自己。”自我监督，要求我们能够用客观、公正的眼光审视自己的所作所为，找出不足之处，并及时改正。

自我监督能力考验的不仅是一个人的行事能力，而且是一个人的心理成熟度。自我监督，更重要的是自己的心态。能否真正做到就事论事、严格恪守“监督”的责任，不放任自己的惰性、不纵容自己的缺点，是决定自我监督成功与否的关键因素。因此一个男孩要想学会自我监督，必须先学会端正自己的心态。

☆☆☆

美国著名的政治家、外交家、科学家、发明家富兰克林出身贫寒，他在学校里只读了一年的书，就迫于生计不得不在印刷厂做学徒。但是勤奋好学的他在印刷厂自学了数学和4门外语。他的成功得益于非凡的自我管理能力和自我监督能力。

富兰克林为自己制订了严格的计划表，每天都按照计划表进行生活、学习和休息。他还专门预留出一段时间来检查自己当天的工作，找出有错的地方并立即改正。

富兰克林在学习知识的同时对自己的道德品质也有非常高的要求。他要求自己节制、寡言、生活非常有调理等。为了培养自己的品质，他特意准备一个小本子，制作成表格，将自己每天的完成情况记录在册，并找出自己的不足之处，用黑笔圈出，然后监督自己及时改掉。正是在这样的坚持不懈和自我监督下，富兰克林成为一个品德高尚、才华横溢的人。

☆☆☆

富兰克林是一个刻苦上进并拥有很强的自我监督能力的人。他敦促自己认真完成学习计划，培养美好品质，在这样坚持不懈的努力下，慢慢地成长为自己理想的人，获得了成功的人生。

我们常听说这样一句话：每个人最大的敌人就是自己。大多数人其实都是“败给”了自己。当上进败给了懒惰，刻苦败给了放纵时，人就失去了动力，也便不会有自我监督的能力。如此一来，人就容易放纵自己，一旦心情放松，不再认真刻苦，失败就会势不可挡地打败成功。因此作为男孩，在任何时刻都不能放松警惕，放弃自我监督。

☆☆☆

小林是个听起来“很有决心”的男孩。

他总是会有很多计划：每一学期的学习计划、每一周的学习计划，甚至每一天的每一个小时应该做什么他都有一个非常清晰的计划表。但是做完计划表之后，他似乎就忘了这回事了。

“小林，现在不是应该写作业吗？你怎么还在看电视？”妈妈路过客厅，发现小林还在看电视，再看看他的计划表，忍不住开口问道。

“早着呢，我再看一会儿，就一会儿！马上去写！”小林信誓旦旦地说。

“小林，现在不是应该背英语了吗？你怎么还在看漫画？”爸爸看着躺在床上看漫画的小林说道。

“没事，我待会儿就去背。”小林随口说道。

“你这样不行啊，自己做的计划从来不执行，也不会监督自己，这样怎么能有效果呢？”爸爸皱着眉头说道。

“没事，我会好好做的！爸爸你放心，我一定可以监督自己的。”小林还在信誓旦旦地保证着。但是爸爸却摇了摇头。

果然，第二天，小林还是老样子。

☆☆☆

故事中的小林是个没有自我监督能力的男孩，虽然制订了许多计划，但是从来都不按时执行，一味放纵自己的懒惰和任性，最后只能一事无成。

男孩一定要学会自我监督，这里有几点建议：首先，要有明确的要求。没有规矩不成方圆，没有规矩也就没有监督的标准，因此男孩首先要给自己制定严格规范行事的准则。例如，和故事中的小林一样制订作息计划表。其次，就是要提醒自己严格按照计划执行。有了计划不能束之高阁，而是要积极执行。男孩要及时提醒自己，比如利用闹钟、便签等方式，让自己具有时间观念。最后要对自己“赏罚分明”，如果任务完成，可对自己进行一定的奖励，但如果自制力不强，没有完成计划，则要接受相应的惩罚。只有赏罚分明，才能敦促男孩监督自己。长此以往，男孩才可以培养出自我监督的习惯，帮助自己更好地成长。